刺蝟完全飼育手冊

人氣插畫家

MinaKG ◎ 著

晨星出版

感謝旻蓉獸醫師
對於這本書的諸多協助

目次
CONTENTS

Chapter ❷ 好心動呀！想養！

\ 等等，刺蝟的家怎麼佈置？ /

Chapter ❸ 幸福的刺奴生活
＼刺蝟的行為特色與注意事項／

Chapter ❹ 刺蝟會吃貓飼料！？

＼刺蝟飲食與日常清潔／

Chapter ❺ 刺蝟生病了怎麼辦？

＼醫療健康與常見疾病／

Chapter ❻ 離別

\ 彩虹橋的那一端 /

結語

推薦序

　　一般常見的寵物大多是貓狗，不然就是天竺鼠、兔子或鳥類等常見動物，最近幾年才比較常看到養刺蝟或雪貂等動物的風潮。

　　在好幾年前，我的一位同事接連幾天都睡眠品質不佳，上班看起來很累的樣子，了解之下才知道他最近養了刺蝟。

　　據他所述，飼養過程中遇到許多困難，例如刺蝟一開始都躲在籠子裡的小屋睡覺，出來吃吃東西又躲回去，是很容易緊張又害羞的小動物。飼養一段時間之後才比較常出來活動，慢慢會在準備好的碎紙堆上廁所，不過有時還是會大便在水盆裡。

　　他開始養刺蝟之後做了許多功課，例如加入小動物愛寵社團，團購一款滾輪送給刺蝟運動，沒想到刺蝟很喜歡滾輪，總在每晚熄燈後斷斷續續跑上 4、5 個小時。每當滾輪聲停下來，以為刺蝟累了，誰知道沒多久又上去跑滾輪了，看來刺蝟是相當喜愛滾輪的呢！

　　雖然我們的職業都是獸醫，但從未飼養過這種小動物，僅能由書本了解刺蝟的基本習性。後來同事帶刺蝟出門見見世面，我才第一次見到那隻每天勤快跑滾輪的刺蝟，是一隻擁有健壯身材的帶刺小動物，同時可以充分感受到同事對牠滿滿的愛。

　　坦白說，起初受本書作者 MinaKG 之邀，諮詢有關飼養刺蝟的建議或疑難雜症時，除了開始在大腦資料庫搜尋好幾年前的這段回憶，以及當時獲得的刺蝟相關資訊外，也在網路上關心是否有這類書籍可

參酌，發現過了幾年還是沒有國人自己原創的刺蝟飼養書。如今有人願意在這一領域著墨，我當然樂見其成。

　　在了解 MinaKG 是為了自己所飼養的小刺蝟而決定製作這本《刺蝟完全飼育手冊》後，我經由他繪製的小刺蝟圖文，得到滿滿的療癒感，一想到如此可愛溫暖的圖文即將出版，讓曾對刺蝟感興趣或正興起飼養刺蝟想法的朋友，在閱讀之後能夠獲得更明確的方向，就是我參與製作本書的最大禮物。

苗栗縣動物保護防疫所獸醫師
前屏東縣政府農業處動物保護及保育科科長

作者序

　　身為刺奴之一的我，飼養刺蝟的經歷比起其他前輩來說還有很多需要學習的地方，如果不是這麼多朋友的幫忙，我想也沒辦法這麼順利了解養護刺蝟的資訊。雖然飼養刺蝟的路上還有很多需要努力的地方，但是因為有著一批熱愛與真心關懷刺蝟的人們，努力讓刺蝟飼養的環境變得更好，我也很期望能夠透過本書圖文的力量，幫助想要了解刺蝟的朋友，並成為推動刺蝟與飼主友善環境的小小助力！

　　也因為飼養刺蝟的領域還有著很多未解開的謎題，所以在飼養之前真的必須充分吸收照顧刺蝟的相關知識。牠們不像一般寵物肚子餓會撒嬌，不開心了會用叫聲吸引注意，是個捉摸不定的小動物，更需要飼主平時細心的觀察與照料，但相信當你選擇了去深入了解刺蝟的時候，也會感受刺蝟神奇可愛的魅力！

Minaky

前言

MinaKG 家的刺蝟

泡 芙

在我生命中的第一隻刺蝟取名為泡芙（aka國周，因為特別會大便 XD）。也是因為牠讓我開始畫超可愛的刺蝟，更是後來圖文創作品牌「泡芙&芋泥 puffcutty」的創作原型。

泡芙是一隻個性活潑，對自己人很不客氣、但在陌生人面前會變膽小鬼的小傲嬌鬼。這隻吃很多卻養不胖的小女生，喜歡吃蘋果、討厭吹風機，在兩歲的時候成為了小天使。

貝　塔

(Beta)

　　貝塔一開始是在台中某菜園被撿到的，不知道是不是逃家跑去偷菜不小心迷路，後來被臺灣刺蝟照護推廣協會救起，由一位刺友領養，又因為某些原因輾轉到了我這裡。

　　貝塔也是小女生，但個性比起泡芙較為溫順，非常愛吃、也不挑食，真的是一隻天使般的刺蝟！不過體型較為圓潤豐滿，真的是該減肥了！

小刺蝟 - 泡芙&芋泥puffcutty

泡芙是隻刺蝟，有著傲嬌的個性，喜歡帽T的口袋、最討厭吹風機。擁有萌萌的臉蛋，背地裡卻藏著許多不可告人的祕密，趁奴才不在的時候經常逃出飼養箱冒險。

芋泥也是隻刺蝟，個性無釐頭、不畏懼任何事情的小屁孩。時常跟在泡芙後面，是標準的跟屁蟲，但當泡芙遇到危險時，會不顧一切保護泡芙！

要創造一個讓人喜愛的角色，並在人手一枝筆就能創作的世界裡長存，是非常困難的，因為永遠都不知道這個角色能夠被人記住多久。

起初創作泡芙這個角色，是因為飼養了泡芙這隻刺蝟，當時雛形是手繪水彩形式。雖然過程中遇到許多困難，例如刺蝟的刺應該怎麼呈現？（刺真的很難畫呀！！！）日後要怎麼應用在不同介面？怎麼畫辨識度才會高？粉專慢慢地用插畫分享刺蝟的日常小事，角色塑形不斷地優化，才有了大家現在看到的樣子！

後來鼓起勇氣報名全國知名的台灣文博會。印象非常深刻的是2018年我在會場的留言板上寫了：「泡芙也要來參加文博會！」2020年終於幸運正取，入選文博會IP授權區Talent 100新銳創作者！

現在終於要出書了，謝謝一路陪伴的你們，也謝謝支持我繼續成長的合作夥伴們！更要謝謝泡芙和貝塔曾經來到我的生命中，帶給我如此多美好時光。

Facebook　Instagram

泡芙 Puff 9

泡芙 Puff（女生）

生日	2017/10/10
顏色	布朗奶茶
嗜好	睡覺
特色	傲嬌、吃不胖

芋泥 Taro（男生）

生日	2020/02/19
顏色	蓮藕芋頭
嗜好	黏著泡芙
特色	右臉頰有顆痣

芋泥 Taro 8

Chapter 1

想把刺蝟
帶回家怎麼辦？

\ 且慢！先來認識可愛的刺蝟吧！/

刺蝟是什麼樣的動物呢？

● 圖片來源：小公主春嬌提供

◀▲圖片來源：小公主春嬌提供

寵物刺蝟跟野生刺蝟的差別

　　說到野生刺蝟跟寵物刺蝟的差別，就需要先了解刺蝟在生物學中的分類。刺蝟屬於哺乳網的蝟形目蝟亞科，蝟亞科刺蝟的共同特徵為：背上佈滿刺，遇到攻擊的時候身體會縮成球狀。我們一般常見的寵物刺蝟，是由四趾刺蝟與北非刺蝟兩種品種所雜交出來的。

　　其他品種還有南非刺蝟、索馬利亞刺蝟、遠東刺蝟、東歐刺蝟、西歐刺蝟、達烏刺蝟、長耳刺蝟、印度長耳刺蝟、北非沙漠刺蝟、伯蘭特刺蝟跟印度沙漠刺蝟等等。

　　刺蝟最特別的地方就是會把自己捲成像球一樣，當遇到突然的聲響或是感知到危險的時候，就會立刻把身體捲成一顆球狀，而身上的刺則會交叉豎立起來。這樣的行為最主要目的是為了保護最柔軟的腹部不受到攻擊，同時刺蝟還會發出像火車一般的聲音來嚇走天敵。

　　寵物刺蝟在生命週期上比野生刺蝟壽命更短。在臺灣刺蝟並非原生動物，所以近親繁殖的可能性高，導致寵物刺蝟成為了腫瘤的高風險族群，壽命約為 2 ～ 5 年左右，當然也有 5 年以上的長壽刺蝟爺爺跟刺蝟奶奶。

　　另外，**已經習慣被馴養的寵物刺蝟無法適應太惡劣的環境**，例如臺灣冬季的時候溫度會降到 20℃以下，而寵物刺蝟覺得舒適的溫度則

● 台灣常見的寵物刺蝟並非原生動物。

在 25℃至 28℃之間，如果沒有做好保暖工作的話，容易讓刺蝟進入假冬眠的狀態。一般來說野外刺蝟的習性，都會爲過冬預先做好準備；但寵物刺蝟在沒有事先儲存好能量的情況下冬眠，則會因低溫而讓身體機能變得緩慢，最後導致死亡。

刺蝟與老鼠：
刺蝟是蝟形目，老鼠是齧齒目。

刺蝟與豪豬：
受到驚嚇時刺蝟會縮成球，而豪豬會豎起刺。

刺蝟與愛玉子：
沒有任何關係，只是外型遠看很相近。

刺蝟與仙人掌：
？？？

UNIT **2**

刺蝟的外觀

寵物刺蝟的身體構造

順風耳　　千里鼻　　背刺

視力不佳的眼睛　　　　　尾巴

神奇的痣痣

日程五里的腳

- ➡ **順風耳**：耳朵可以聽到比人類更高頻的聲音，也能分辨飼主的聲音。
- ➡ **千里鼻**：擁有非常靈敏的鋤鼻器，透過嗅覺進行覓食與了解環境，有些刺蝟也能判斷出飼主的氣味。
- ➡ **眼睛**：因為是夜行性動物，視覺的功能已退化許多。

● 刺蝟在聞氣味的時候模樣非常可愛，抬頭時嘴巴會微微分開，也稱作「裂唇嗅反應」。

➡ **嘴巴**：除了用來吃飯飯以外，也有咬人的可能，尤其會發出「啾啾啾」的呼吸聲，聞聞味道之後咬一口，再用口水泡沫塗在身上以收集氣味。如果不小心被咬傷了，可先用優碘消毒。

➡ **背刺**：由許多小刺密佈排列在背上，平時是順向平放，摸起來並不會刺刺的，但遇到危險時會立刻豎起並交叉，變成像佈滿了刺的海膽一樣，這時候觸碰的話就可能會造成手部受傷，建議飼主接觸時可以使用**手套或厚布**來保護雙手。

● 生氣的刺蝟也會炸成海膽狀。

➡ **尾巴**：短而小巧，通常要排便時會向上抬起。

➡ **四肢**：雖然纖細但一整天下來可跑約數公里，而且速度相當快。

➡ **神奇的痘痘**：刺蝟的獨有特別小標誌，目前還沒有找到痘痘的作用，有網友推測可能是退化的下巴？

➡ **智商**：似乎能夠透過氣味分辨飼養者。曾經有飼主在飼養箱找不到刺蝟，當下非常緊張、以為刺蝟離家出走了，就在最後快要絕望之際，發現原來跑到飼主的棉被裡面睡大覺，看來刺蝟會對飼主的氣味感到安心呢！

➡ **鬍鬚**：不明顯又沒有太大功能，據說撿到會幸運一整天！

➡ **牙齒**：刺蝟一生只會換牙一次，之後就不會再長新牙了。乳牙脫落時，有時會不自覺地吞進肚子裡，但刺蝟的乳牙其實非常小，即使不小心吞下去也不會對身體健康造成影響，所以不用擔心喔！

雄雌刺蝟分辨方式

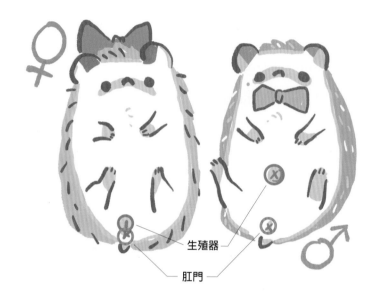

生殖器

肛門

- ➡ **雄刺蝟**：肚子中間有一顆像鈕扣的構造，其實就是雄性刺蝟的生殖器，而且距離肛門比較遠。

- ➡ **雌刺蝟**：雌性刺蝟的生殖器則是與肛門比較接近，都位在靠近尾巴的那一端。

TIPS

性成熟並不等於適合繁殖，有些年齡非常小的刺蝟已經出現騎乘求偶行為，但身體卻尚未發育成熟，此時千萬注意：一定要一個飼養箱養一隻刺蝟，以保護刺蝟的身體健康。

刺蝟Q&A

Q 公母刺蝟在飼養上的差別？

A 最大的差別在於個性！然而，這並非絕對的規則。一般而言，公刺蝟的個性較為活潑或外向，而母刺蝟則較為愛乾淨，但這只是根據大數據資料的統計而已，有時也會出現公刺蝟愛乾淨和母刺蝟活潑外向的情況。在健康方面，母刺蝟接受節育手術的風險相對較高。

刺蝟的顏色

Q：聽說某個電玩角色 (好啦就是音速小子) 原型是刺蝟，所以刺蝟也有藍色的嗎？

A：依官方公告應該是（笑），但世界上沒有真正的藍色刺蝟喔！也請不要把刺蝟塗成藍色的。

　　刺蝟大部分色系為大地色系，並不會有太鮮豔的體色出現，但是會因為上一代基因的關係而出現不同的體色，包含鼻子、眼睛、皮膚跟臉部的面罩，顏色都會有些差異。目前大多會用食物名稱來形容刺蝟體色以方便辨識，由深色至淺色區間大致分為巧克力色（Chocolate）、椒鹽色（Salt & Pepper）、棕色 / 布朗（Brown，也稱茶色）、肉桂色（Cinnamon，也稱奶茶色）、香檳色（Champagne）、杏色（Apricot）與白化（Albino）。

另外，也有身上具有斑塊花紋的平托（Pinto），以及身上的刺明顯帶有雪花（Snowflake）般紋路的體色表現。這些顏色是不是聽起來又可愛又可口呢？所以如果發現刺蝟身上的顏色不太自然（例如藍色），可能是受到人為的染色。其實也不需要特別去追求刺蝟身上的顏色，**畢竟每隻刺蝟都是最獨特的。**

TIPS 寵物刺蝟的臉部通常會有一區毛色較深，形成像面罩般的輪廓，但毛色較淺的刺蝟，看起來會比較不明顯。深色雪貂的臉上也看得到類似的面罩

刺蝟臉上會有一區類似面罩的深色斑塊。

● 泡芙的身體兩側都有小範圍的局部白刺。

刺蝟色彩表

椒鹽色 Salt & Pepper

肉桂、奶茶 Cinnamon

平托 Pinto

香檳 Champagne

杏色 Apricot

布朗(茶色) Brown

百化 Albino

巧克力 Chocolate

● 每一種顏色的刺蝟都很可愛，也十分具有特色。

UNIT **3**

我們好好相處吧！

刺蝟的性格

　　刺蝟是非常膽小的動物，而且每隻刺蝟都有自己的個性！以下我們就一起來看看吧！

（獨立自強）

　　擁有獨立性格的刺蝟，總會給人高傲的感覺，當飼主想要親近刺蝟時，也不一定能吸引刺蝟的注意力。實際上是因為刺蝟屬於**地域性極強**的動物，所以通常都是**獨居**。

　　喜歡挖掘、偏好待在黑暗的小角落，這樣的習性源自於在野生環境生活時留下的習慣。此外，因為刺蝟是穴居動物，所以有時候會聽到牠們「刷刷刷」抓地板的聲音。

極度膽小或極度大膽

　　有些刺蝟蠻有自己的個性，雖然普遍的刺蝟都是膽小怕生，但也有從小習慣與人類相處的刺蝟，甚至還會對人撒嬌，但那是極少極少的機率（或者都是別人家的刺蝟嗚嗚）。而極度大膽的刺蝟也可能具有攻擊性，而且不怕人。

● 膽小怕生的刺蝟會馬上豎刺給你看！

● 好奇心重的刺蝟會到處探索。
圖片來源：小公主春嬌提供

刺蝟需要陪伴嗎？

一箱一刺的原則

有些人會認為只養一隻刺蝟，會讓牠感到孤單，但實際上刺蝟具有很強的地域性，會因為搶奪地盤或爭奪食物造成打架受傷的情況。為了避免悲劇發生，建議一個飼養箱飼養一隻刺蝟就好。更重要的是，**公刺蝟與母刺蝟一定要分開飼養**，避免在牠們還沒準備好的情況就繁衍下一代。

如果迎來第二隻刺蝟？

當養第二隻刺蝟的時候，是否能夠好好地跟原本的刺蝟相處呢？

這個問題很難得到肯定的回覆，因為刺蝟的個性原本就難以捉模，但是網路上也能看到不少刺蝟與不同寵物相處生活的案例。

是否有讓兩隻刺蝟好好相處的方法？

當飼主的愛分享給另一隻的時候，刺蝟是能夠感受到的！所以當決定要養第二隻刺蝟或其他寵物時，**一定要先跟原有的刺蝟好好溝通**。

其次要注意兩隻刺蝟的生活範圍，原則上還是需要一箱一刺，飼養箱上面也是需要放上鐵網片，避免刺蝟有機會逃家。**如果是一公一母的話，飼養箱需要隔一段距離，避免公刺蝟會一直想要尋找母刺蝟。**

想讓兩隻刺蝟有所接觸時，飼主一定要注意牠們的距離與動向。一開始剛帶新刺蝟回家，可以把兩隻刺蝟平時使用的小毛巾或睡窩交換看看，觀察牠們是否能夠接受彼此的氣味。或是讓兩隻刺蝟在放風的時候，隔著一段距離看見對方，再視情況每日縮短彼此之間的距離。

如果兩隻刺蝟相處不融洽怎麼辦？

如果真的沒辦法讓兩隻刺蝟和平相處，而且可能出現攻擊行為時，飼主需要輪流安排放風與相處的時間，不一定要勉強兩隻刺蝟共處於同一個空間，打造彼此舒服的環境才是更重要的事。

要打去練舞室打

〈刺林示之巔〉

刺蝟Q&A

Q 與陌生刺蝟接觸的禮節？

A 每次帶泡芙或貝塔參加活動，都吸引了許多人的目光。我經常來不及提醒好奇的客人，在接觸陌生刺蝟之前，請先禮貌地向飼主詢問是否可以觸摸。這一步很重要，因為有些刺蝟比較怕生，突然被觸摸可能會驚嚇到牠們。觸摸之前，也務必要清潔雙手，以免手上有細菌或殘留的護手霜，這可能會讓刺蝟誤食而生病。接觸過刺蝟後也要清潔雙手，因為有些人可能會引發輕微的皮膚過敏。飼主本身也可以自備一小瓶稀釋酒精，以備不時之需。

刺蝟與其他寵物

如果家中已經飼養其他的寵物，會不會出現打架的情況呢？

其實**飼養刺蝟的範圍很固定**，不太會影響其他寵物的活動空間造成困擾。但是體型大於刺蝟的寵物，可能會因為好奇而去打擾刺蝟的作息，刺蝟身上的刺也可能會刺傷其他的寵物，畢竟不同的動物有著不同的習性。

例如早上是刺蝟的睡覺時間，其他體型較大的寵物聲音與氣味可能會打擾到刺蝟的睡眠，或是偷吃已經放置好的刺蝟飼料。至於比刺蝟體型還小的寵物，如倉鼠或是守宮等，則有可能會被刺蝟當作攻擊的對象。雖然不同的寵物相處起來感覺好像有些困難，但飼主只要平時多多注意寵物之間**舒適的相處距離**與**各自的生活空間**，還是可以嘗試一起生活的！

　　有次我妹妹的鸚鵡暫時來住幾日，當時租屋處的空間不大，所以刺蝟跟鸚鵡會相處在同一個房間，而鸚鵡又是喜歡叫的動物，所以渡過了一段蠻熱鬧的日子，但同時也發現平常習慣安靜的泡芙，脾氣變得有點暴躁，不知道是不是因為忘記預先跟牠會說有客人來借住，還是不太習慣有其他寵物的存在，刺蝟真的相當敏感呢！

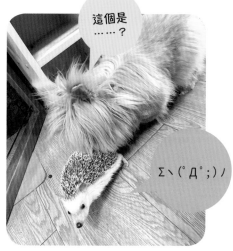

● 圖片來源：小公主春嬌提供

● 圖片來源：小公主春嬌提供

● 圖片來源：小公主春嬌提供

UNIT 4

刺蝟的一生

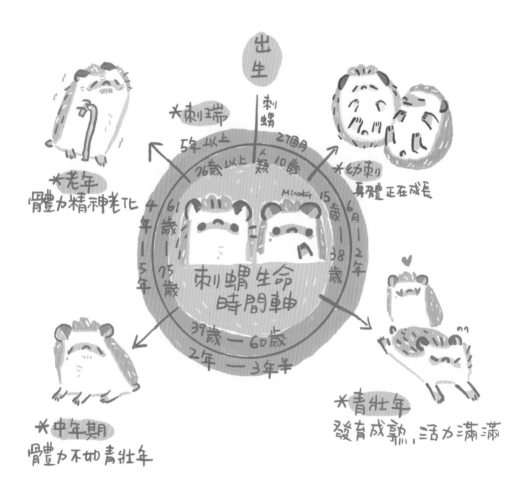

出生

刺蝟

＊刺瑞
5年以上

27個月

26歲以上 人類 10歲

＊老年
體力精神老化

61歲

15歲

＊幼刺
身體正在成長

MinokG

4年～5年

73歲

6月～2年
～38歲

刺蝟生命
時間軸

39歲～60歲
2年～3年半

＊青壯年
發育成熟，活力滿滿

＊中年期
體力不如青壯年

　　為什麼會開始養刺蝟呢？想當年還是大學剛畢業的社會新鮮人，北漂的日子確實不太適合養寵物，頂多在租屋處養一缸小魚陪伴，讓生活有點變化之外，但總覺得好像缺少了什麼？

　　後來在網路上爬文，看看現在大家都在飼養什麼時，看到了刺蝟這種特別的寵物。回想起來自己曾經親眼見過刺蝟，大概是高中時期有一位學弟飼養的，聽說是壽命非常短暫而且不易飼養的動物，於是我開始在網路上搜尋了許多有關刺蝟的文章。

　　泡芙是從剛斷奶學會吃飼料的時期接回來飼養的，而貝塔則是我從中途接手，當時已先被其他刺友養了兩年，但據說當初在菜園撿到牠時，已經是一隻成年刺蝟了，或許實際的年齡可能比我們知道的要再更大一些。以下我們就來看看刺蝟的一生分成哪些階段吧！

第一階段 ➡ 幼刺

　　從剛出生到 2 個月左右，換算成人類年齡大約 10 歲。這個階段刺蝟的身體還在成長發育，但差不多 2 個月的時候，雄刺蝟就已經開始有了性象徵，需要一箱一刺分開飼養，避免在還沒準備好的情況下就繁衍下一代。此時期也是刺蝟開始到處探索的階段。

*幼刺
身體正在成長

第二階段 ➡ **青壯年**

　　6 個月至 2 年，換算成人類年齡大約 15 ～ 38 歲。快接近 2 年時，有些刺蝟身上會開始出現疾病。

　　此時期刺蝟的**身體已經發育成熟，可作為繁衍的時間點**，也會出現追求的行為。大部分情況下都是公刺蝟追著母刺蝟，並發出啾啾啾的小雞叫聲，因此若家中同時有公母刺蝟，最好準備獨立的飼養箱，同時要檢查箱內是否有任何能協助公刺蝟爬出來的墊高物，否則晚上公刺蝟可能會翻牆出來找母刺蝟！另外，若放風或外出時遇到其他刺蝟，要避免出現騎乘行為，若有類似狀況應該立即將牠們分開，或者在不同的時段放風。

　　至於是否讓家中的刺蝟繁衍下一代，有許多因素需要仔細考量，第 120 頁「採訪專欄 1」資深刺奴 DK 分享的經驗相當具有參考價值。畢竟生命是非常珍貴的，繁殖時一次就會生出好幾隻小刺蝟，因此在做這件事情之前，需要好好擬定計劃與進行籌備，包括確保擁有足夠的生活空間、預先安排好醫療金與生活費等等。

＊青壯年
發育成熟，活力滿滿

第三階段 ➡ 中年期

2年至3年半，換算成人類年齡大約39～60歲。這個階段體力不如青壯年時期，**飼主要開始注意刺蝟的身體健康。**由於近親基因的關係，可能會出現許多疾病或身體老化現象，例如厭食、視力退化和活動力下降等等，個性也可能會改變。此時期刺蝟最需要**飼主的耐心**，時常陪伴會讓刺蝟感到安心。

＊中年期
體力不如青壯年

第四階段 ➡ 老年

4年到5年，換算人類年齡大約61～75歲。老年狀態出現，牙齒和咬合力開始不如從前，可以向獸醫尋求飲食調整方面的建議。此外，刺蝟的身體骨骼也會出現退化現象，需要定期按摩以防止肌肉硬化。根據不同刺蝟的老化和疾病情況，所需準備的東西會有所不同，飼主應該放寬心，**根據實際情況和獸醫的建議做好準備即可。**

＊老年
體力精神老化

第五階段 ➡ 刺瑞

5年以上，換算成人類年齡大約76歲以上。這個階段的高齡刺蝟可能面臨身體老化、癱瘓或者無法正常進食的狀況，**需要飼主細心照料，**醫療照顧上可參考第126頁「採訪專欄2」刺友萱萱的經驗分享。

UNIT **5**

成為有責任的飼主

愛牠，就要照顧牠

臺灣的特殊寵物保障權益和獲取養護資訊的管道相對較少。儘管取得刺蝟的門檻比貓狗低，例如購買活體費用較低，取得途徑也相對豐富，**讓人往往容易忽略飼養前的承擔評估**。刺蝟的生活環境需要相對應的設備維持，看診費用較高且缺乏相關補助（例如貓狗有節育或植入晶片補助）。此外，部分不良的繁殖業者會將受傷或沒有生產能力的刺

● 臺灣動物法規相關資訊可至臺灣動保法網站查詢。

蝟遺棄在野外，造成不少流浪刺蝟。也因為飼養刺蝟的比例在臺灣還是偏低，可以說是少數族群，導致臺灣的刺蝟動物保護權益並不容易被看見。

● 網路上有許多共同愛好刺蝟的飼主們，經常用心分享飼養心得、舉辦刺聚。

刺蝟不該流浪

　　當你走在路上時不小心被會移動的刺栗子碰瓷，別慌張！以下是幾個簡單的步驟，幫助你應對這種情況：

❶ 先找一個紙箱，暫時將牠安置在裡面，並查看刺蝟的精神狀態與活動力是否正常。可以先初步觀察刺蝟是否還有力氣將身體捲曲成球狀並且發出氣音，可以的話表示精神狀態尚可。如果刺蝟沒有體力做到這些或有明顯的外傷，情況緊急時需要立即**就醫治療**。由於刺蝟在緊張時會特別扎手，建議事先**準備手套或厚布來保護雙手**。同時，在箱子裡可放置一些**布料**，讓刺蝟有地方躲藏。

❷ 如果發現的是一隻受重傷的刺蝟怎麼辦？應該優先尋求**非犬貓動物醫院**的治療。在臺灣，大部分的獸醫院主要針對貓狗，所以最好透過網路地圖找尋附近的非犬貓動物醫院。如果附近沒有相關院所，也可以在網路上搜尋飼養刺蝟的社團查詢相關資訊。

❸ 如果天氣寒冷下雨，刺蝟容易受到影響而失溫，這對牠們而言是相當危險的。如果天候不佳時看到刺蝟身體顫抖，耳朵失去血色，就可能是失溫的徵兆。遇到這種情況應該先將刺蝟**移到溫暖的環境安置**，並使用吹風機保持距離 20 公分以上，幫助刺蝟恢復體溫。可以透過觀察刺蝟的手腳、臉部或耳朵顏色來判斷是否有逐漸回溫。

刺蝟Q&A

1 養刺蝟大概需要花多少錢呢？

Ａ 初期準備飼養刺蝟所需用品大約要花費 5000 元左右，包含冬天的保暖無光陶瓷燈與初期健康檢查等費用。此外，也需要為刺蝟準備一筆醫療基金，因為在臺灣，特殊寵物的治療費用仍然相當可觀！

2 如何判斷刺蝟是否健康呢？

Ａ 初次見面的刺蝟，可從以下外觀來判斷健康狀況。

- 眼睛：是否明亮，無眼屎或分泌物，沒有傷口。
- 鼻子：應該像狗狗一樣濕潤，沒有流鼻涕或打噴嚏，注意呼吸是否有異音。
- 牙齒：有沒有缺牙或牙齦腫起。
- 耳朵：邊緣乾淨，沒有傷口或脫皮。
- 身體、毛與刺：是否有皮屑或異常掉刺（數量多），是否一直抓癢。
- 精神與活動力：四肢正常行走，沒有拖行現象，身體能否正常捲成一顆球。

以上只是初步判斷的建議，但最好還是要請獸醫師做進一步的檢查確認健康狀況。

3 刺蝟的刺會掉嗎？

Ａ 會喔！在我印象中，泡芙四個月大的時候有比較頻繁的換刺（從纖細的小刺換成大刺），刺的顏色也會跟幼時的顏色稍微不同。成年的刺蝟也會不定時地換刺，但是如果發現一個禮拜以內掉刺的數量非常多，並且刺的前端有大片的皮屑，就可能是刺蝟生病了！

4 **刺蝟要從小飼養才會比較親人嗎？**

A 大多的飼養經驗會認為需要從小培養刺蝟習慣與人親近，這個迷思其實並不盡然。事實上，刺蝟的親人程度大部分還是取決於本身的個性。以我飼養過的兩隻刺蝟來說，泡芙是從兩個月大開始飼養，個性確實親人而活潑，但是遇到陌生人時（例如出門跑市集），泡芙會表現得像個膽小鬼一樣縮得緊緊的。另一隻刺蝟貝塔則是在一歲多時才被領養，但牠個性傻呼呼的，誰都可以抱。因此，是否從小開始飼養和刺蝟是否親人，這兩件事情並沒有絕對的關聯。

Q&A

Q 如果在路上撿到刺蝟該怎麼辦？

A 獸醫師：

目前臺灣公務機關的流浪動物收容仍以犬貓為主，如果撿到刺蝟建議先尋找民間團體，可以用網路搜尋「流浪刺蝟收容」，應該僅會有 1 至 2 個協會提供協助，如果協會無法協助，再詢問當地的政府動物保護機關。

· · ·

總而言之，養刺蝟需要一定的飼養設備，並需要有一些經濟條件，才能打造出優質舒適的生活環境，因此飼養之前必須審慎進行評估，才能與牠們開開心心過日子。相信讀到這裡的你，心裡已經迫不及待準備好要迎接可愛的小刺蝟了吧！在接下來的幾個章節中，我們將一步步地了解這些森林小精靈喔！

Chapter 2

好心動呀！
想養！

\ 等等，刺蝟的家怎麼佈置？ /

UNIT 1

刺蝟的生活環境

濕度與溫度的重要性

爲了迎接刺蝟的到來，打造一個讓刺蝟舒適的居住環境非常重要！特別是臺灣夏天潮濕炎熱，冬天又乾冷，都不是適合刺蝟生活的環境，容易影響牠們的健康狀況。因此，在佈置刺蝟的居住環境時，要根據當地的氣候情況進行調整和改進。

首先，一定要準備一個乾濕溫度計，以確保刺蝟的生活空間隨時保持適當的濕度和溫度。當環境濕度超過 40% 時，會增加病媒、蚊蟲和黴菌滋生的機會。臺灣的氣溫變化較大，溫度也是需要特別注意的地方。刺蝟適合的溫度範圍為 25℃ 至 28℃，夏天可以準備涼墊或大理石板來幫助刺蝟保持涼爽，而冬天則需要提供無光的保暖燈。

● 冬天需增設保暖燈，夏天則要注意濕度。

Q&A

Q 從獸醫角度來看，照顧刺蝟時最需要注意什麼？

A 獸醫師：

　　刺蝟對於環境的通風和乾燥與否非常敏感，特別是在臺灣潮濕的氣候下。因此夏季使用除濕機將濕度調節至約 40％，冬季則用保暖燈來維持溫度在 25℃至 28℃之間，可以有效預防刺蝟感染皮膚性和呼吸道疾病。刺蝟的皮膚性疾病經常會傳染給飼主，而呼吸道疾病則可能導致呼吸困難，讓刺蝟必須張口呼吸。由於刺蝟是害羞而敏感的物種，一旦生病，可能會比平常更易怒。

刺蝟的四季居家策略

➡ **春季**：春季水氣較多，建議可以將室內定期除濕。

➡ **夏季**：可使用降溫的電器用品，或者放置散熱片。

➡ **秋季**：氣溫變化較大的季節，可以放一些毛絨絨的布，讓刺蝟躲藏取暖。

➡ **冬季**：禦寒的保暖燈是必備用品，因為刺蝟需要時常保持溫暖。

UNIT 2

刺蝟的居家小窩

　　搞定最主要、最基礎的空間溫濕度控制之後，接下來就是準備日常所需的用品了，這個步驟同樣非常重要。

需要準備的設備用品

小窩用品準備清單		
□ 整理箱	□ 食物盆	□ 主人的舊衣服
□ 底材	□ 飲水盆	□ 無光陶瓷保暖燈
□ 廁砂	□ 睡窩、藏身處	□ 大型滾輪
□ 便盆	□無鉤圈毛巾	□ 紙捲、大型塑膠水管

飼養設備

❶ 整理箱

　　目前市售的整理箱或塑膠箱都是蠻適合的選擇，整理起來也十分方便。建議選用**中大型尺寸**的箱子，讓刺蝟有**足夠的空間**可以活動。此外，箱子的高度最好**高於** 48cm，這樣可以更安全地**防止刺蝟逃脫**，對於擁有攀爬習性的刺蝟來說，逃家可是非常輕易的事情！

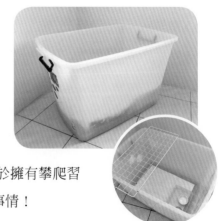

❷ 寵物籠

一開始，大家還不太了解該如何飼養刺蝟，因此可能會使用鼠籠或兔籠等替代品。近年來，許多刺蝟飼主分享飼養經驗時，其中一個共識是：不建議使用鐵架做的籠子當成刺蝟的生活環境。由於刺蝟天性喜歡攀爬，但腳又很細，**沿著鐵架攀爬時容易造成扭傷或摔落**，因此許多人逐漸避免使用寵物籠來飼養刺蝟，以免刺蝟在攀爬時受傷。

❸ 玻璃缸

玻璃缸因為笨重的關係比較少人使用，但如果尺寸足夠大、高度也夠深的話，仍然是一個可以考慮的選擇。

底材、廁砂

底材的主要功能是**吸收刺蝟的排泄物**，每天都需要更換一次，不然容易產生發霉或惡臭。除了定時更換底材，飼養箱的底部清潔也很重要，因為刺蝟比較沒辦法定點式上廁所，有時候整個箱子都會沾到排泄物，所以**清潔工作很重要**。

選擇底材時，需要考慮刺蝟的生活習性，**選擇無化學崩解型和低粉塵的材料**。因為刺蝟活動時身體比較貼近地面，要避免使用容易沾黏到身上的凝結型底材，嚴重的話有可能黏著到尿道導致發炎。除了以下介紹的幾種常見底材，另外也有可重複使用的環保保潔墊，但使用時需定期清洗乾淨並且曬乾，以防止黴菌滋生。

- **無化學**：使用原紙漿或是自然材料製成，不含其他添加物成分。
- **有化學**：有些貓砂會添加綠茶精油等等添加物，就歸屬於這一類。
- **崩解型**：遇水會崩解成沙狀，不會沾黏。
- **凝結型**：遇水會凝結，容易沾黏。

❶ 寵物尿布墊

尿布墊分爲**拋棄式**和**可洗式**兩種，優點是不會產生粉塵困擾，並且能有效吸收刺蝟的排泄物。使用方法很簡單，只需把整張攤開放在飼養箱的最底部，上面再放

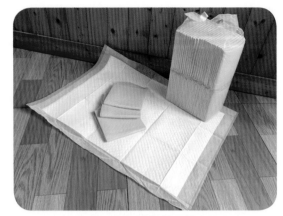

● 拋棄式寵物尿布墊

置其他物品即可，但無論使用哪一種，都建議**每天更換一次維持衛生**。可以在網路商店或寵物店找到，價位從 100 元至 300 元不等。可拋棄式比較方便清理，也較容易觀察刺蝟排泄物的顏色；可洗式的好處則是可以重複使用。尿布墊可以搭配其他底材使用，只是這樣一來會增加垃圾量。

❷ 崩解型松木砂

崩解型松木砂由松木屑製成，網路商店跟寵物店都有販售，建議選擇**成分越單純的越好**，價格大約在 1000 元以內，視購買的公斤數而定。

● 拋棄式尿布墊與崩解型松木砂的佈置方式。

優點是不會黏附在刺蝟身上，但要**注意刺蝟是否會誤食**。使用時要搭配寵物尿布墊，先在飼養箱最底下鋪尿布墊，再放上崩解型松木砂即可。

❸ 崩解型紙砂

崩解型紙砂由紙漿製成，優點是**白色比較方便辨識排泄物狀況**，且低粉塵。購買價位、使用方式和注意事項都和松木砂差不多，至於哪一種比較好用，那可就見仁見智囉！

● 崩解型紙砂

便盆

刺蝟的腸道比較短，大多數都喜歡邊吃邊拉，因此有些飼主會在飼料區放置一個**高度不超過3cm**的淺盒子當作便盆，上面放置食物、飲水和廁砂，這樣比較不容易被刺蝟翻起。但如果沒有準備便盆，刺蝟還是會到處上廁所，因此是否需要使用便盆，就看飼主的個人喜好和習慣了。

● 便盆的佈置方式，這裡搭配的是崩解型紙砂。

飲食器具

❶ 食物盆與飲水盆

　　刺蝟的習性喜歡打翻東西，因此可以挑選**高度不高且有些重量的**布丁盅瓷器讓刺蝟吃東西跟喝水，也有人使用小型的煙灰缸或有深度的醬油碟盤，比較不容易被打翻。

● 布丁盅稍微有一點重量，
　比較不會被打翻。

● 用煙灰缸當食盆的話，建議高度大約 5cm 左右。

❷ 鳥用飲水器

　　除了上述食器能夠兼做水盆使用，另外也可以考慮鳥用飲水器，這樣一來就不用每天補水、換水，也不怕水盆被刺蝟打翻了。

　　另外，有些飼主會使用鼠、兔用的滾珠式飲水器，必須**特別注意刺蝟是否會使用喔**！如果刺蝟不太會用甚至用咬的，可能會對牙齒造成負擔或者受傷。

睡窩

　　睡窩的主要功能是讓刺蝟可以**安心休息和躲藏**，依照形式不同可以分為睡袋、睡床、小屋……。為了提供刺蝟舒適的睡窩，布料應該選擇**不勾圈的材質**。刺蝟的背刺容易勾到毛線，所以必須避免蕾絲、捲長毛或是棉線外露等等有勾圈的布料，以**防止刺蝟被線圈纏繞而受傷**。

　　此外，還有其他材質也可以考慮作為刺蝟睡床。夏天可選擇鋪棉布（壓棉布），冬天則建議使用短絨毛布或豆豆巾，以提供更好的保暖效果。這幾種材料在拼布手作材料行都可以找到。

● 夏天的睡袋。

● 冬天的睡袋。

● 也有許多飼主巧手自製特別造型的睡窩小屋。

無鉤圈毛巾

　　爲了避免刺蝟不小心被毛巾勾到，**選擇無勾圈的毛巾非常重要！**可以挑選超級短毛吸水布（常見的浴巾材質）或是短絨毛布，後者能在冬天時爲刺蝟增加體溫保暖效果。

● 無鉤圈毛巾（短毛吸水布）。　　　　　● 短絨毛布。

● 無鉤圈毛巾是飼養刺蝟時不可或缺的用品，經常蓋著蓋著就舒服得睡著了……

刺蝟 Q&A

Q 既然刺蝟這麼怕冷，有人會幫刺蝟做衣服嗎？

A 有喔！手工藝技巧高強的飼主除了會自己製作睡窩小屋，也會幫刺蝟製作可愛的帽子和衣服，網路上也可以找到專門販售的店家。

● 春嬌聖誕帽。
圖片來源：小公主春嬌提供

● 全套聖誕裝。
圖片來源：小公主春嬌提供

主人的舊衣服

　　由於刺蝟是膽小又怕生的動物，為了幫助刺蝟與飼主盡快親近，在飼養箱中放主人的舊衣服，可以幫助刺蝟更**熟悉飼主的氣味**，建立對飼主的信任，並增加安全感，從而拉近彼此的關係。

　　刺蝟的視力不好、眼睛看不太到，主要透過嗅覺和聽覺來辨認周圍環境，因此一開始要讓刺蝟熟悉飼主的味道，是個重要的小訣竅。雖然不一定會立刻拉近物理上的距離，但刺蝟至少會記住你是每天放飯的人！

無光陶瓷保暖燈

　　冬天的最佳戰友就是無光保暖燈，最大優勢就是**晚上不會發光**，既能提升周邊環境溫度，又不會影響刺蝟或飼主的休息品質。在選購保暖燈時，有許多品牌和燈泡瓦數可供選擇，購買前一定要仔細了解產品資訊。另外，安裝時通常會架設在飼養箱的上方，不需要太靠近刺蝟。

　　陶瓷無光保暖燈的燈泡有多種瓦數選擇，從 60W、100W 到 150W

● 保暖燈外觀。

● 保暖燈側面。

不等，瓦數越高代表電流越大，溫度也越高。選擇時可以考慮**居住地**
的氣溫作為依據，例如北臺灣面對冷氣團時，60W 的燈可能還不夠抵
擋霸王級寒流，建議購置 100W 或 150W 並搭配**溫度調節器**，這樣在
氣溫較高時也能調整溫度使用，同時也提高了安全性。使用保暖燈時
要盡量避免接觸可燃物，並保持室內通風以避免缺氧。

● 無光陶瓷燈泡。

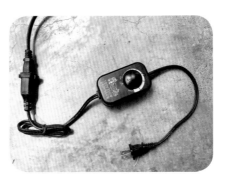

● 溫度調節器。

大型滾輪

　　滾輪有分網型和一般塑膠型，直徑需超過 30cm 以上，才不會造
成刺蝟脊椎受傷。使用網型滾輪時，需要**定期修剪刺蝟的趾甲**，以免
趾甲過長而勾到網子受傷，剪趾甲的方法請見 Chapter 4 第 94 頁。

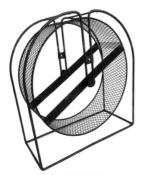

● 網型滾輪。

● 泡芙玩滾輪。

滾輪的日常保養可以使用一般的舊牙刷清潔滾輪，刷洗時注意不要太過用力，以免刮傷表面塗層引發生鏽問題。如果沾到乾掉硬化的糞便，可以先泡水軟化後再輕輕刷洗。輪軸部分因為有上潤滑油，盡量避免直接用水沖洗。清洗完成之後可放置通風處陰乾。

● 使用網型滾輪時要注意刺蝟的趾甲長度。

紙捲、大型塑膠水管

為了增加刺蝟在小窩中活動時的樂趣，可以準備紙捲或大型水管。一般市面上的捲筒衛生紙用完後就可以拿來使用，網路上也有專門販售紙捲的店家。至於大型塑膠水管，則可以在五金行或水電專門店購買，選擇時要注意尺寸，**需要比刺蝟的身體稍大一些**，以免刺蝟在玩耍時被水管卡住。

● 大型塑膠水管。

● 選購時一定要注意尺寸，免得刺蝟的頭被卡住。

● 天氣很熱的時候，有些飼主也會用布製的通道讓刺蝟當作睡窩使用。

貝塔的小窩

⮕ **底材**：底部使用Ｓ號的拋棄式尿布墊，左右各放置一片。

⮕ **收納盒**：為了避免刺蝟翻動尿布墊，導致水跟食物翻倒，會準備一個矮淺的收納盒。

⮕ **水和食物**：通常會多準備一盆水，以免其中一盆被打翻。

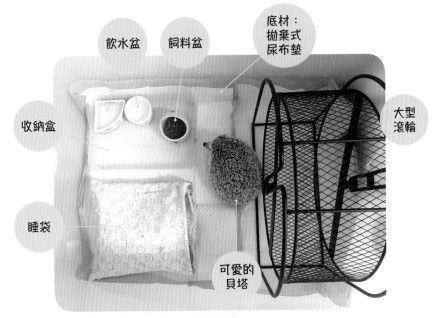

飲水盆　　飼料盆　　底材：拋棄式尿布墊

收納盒　　　　　　　　　　　　　大型滾輪

睡袋

可愛的貝塔

● 並不是整理箱太小，而是貝塔太胖啦！

胖到懷疑人生

泡芙的小窩

　　泡芙小窩放置的東西其實和貝塔差不多，但是因為擔心身手敏捷的泡芙逃家，上方有再加放一片網片。網片除了可以防止刺蝟逃家之外，也可以在上方放置保暖用的布料。

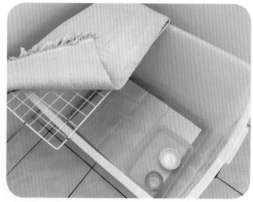

● 刺蝟是攀爬高手，因此小窩中要避免放置能讓刺蝟爬高而逃家的傢俱。

UNIT 3

刺蝟的外出準備

出門樣樣不可少

雖然大部分時間刺蝟是不需要外出的,但如果遇到看醫生或者出遊等比較特殊的狀況時,外出的準備也不容小覷,至少需要準備以下物品:

外出箱、外出袋

選擇外出箱或外出袋時,需考慮刺蝟的體態大小以及個人使用習慣。**硬殼外出箱**的優點是在移動過程中,刺蝟活動空間較不會受到壓縮,且底部防水、清潔方便;然而整體保暖效果較差,尺寸選擇性少、重量較重,收納時也需要比較大的空間。

布質外出袋的形式相當多樣化,有分提袋和後背袋,看飼主習慣手持或是後背,如果選擇有很多分類口袋的款式,使用起來會更方便!布質外出袋的優點在於保暖效果好、舒適度高;缺點是容易變形,清洗不易且容易發霉。

拋棄式尿布墊

通常會在外出途中到達某個定點後,幫刺蝟抽換尿布墊、整理一下環境,因此外出前建議準備數個尿布墊,才能為刺蝟保持乾淨的外出環境。

散裝飼料、飲水、食盆與水盆

外出時要隨時注意刺蝟的情況，到達某個定點後再拿出食盆跟水盆，適時為刺蝟補充飼料和飲水。移動過程中食盆跟水盆不會一直放在刺蝟旁邊，以免打翻。

衛生紙、純水濕紙巾與小垃圾袋

為刺蝟處理排泄物、丟垃圾時不可或缺的必需品，非常好用。

● 硬殼外出箱。

● 布質外出袋。

此外，刺蝟很容易因為**環境溫度變化**而引發急症，例如中暑或低溫症（詳見 Chapter 5），所以帶刺蝟出門放風時也要特別留意天候狀況，**隨時注意刺蝟的體溫！**尤其天氣比較熱的時候，需考量地板溫度是否會太高。此外，刺蝟也可能出現暈車嘔吐等症狀，因此要時時觀察牠們的狀態，千萬不要勉強帶出門喔！

● 泡芙外出中。

● 出遊的春嬌。
圖片來源：小公主春嬌提供

● 想吃蛋糕的春嬌。
圖片來源：小公主春嬌提供

Chapter 3

幸福的
刺奴生活

\ 刺蝟的行爲特色與注意事項 /

刺蝟的行為模式

　　生活當中多了一隻刺蝟會是什麼樣的情節？飼養泡芙的時候，牠的世界就只有整理箱那麼大。因為刺蝟屬於放置型的寵物，當飼養箱傳出一些聲響的時候，就會立馬衝過去看泡芙是不是出來覓食了？刺蝟吃飯的時候，喀滋喀滋的聲音真的很療癒。另外，最期待的大概是半夜關燈的瞬間，泡芙會高速在滾輪上奔跑，雖然有點吵卻又覺得有點令人安心，內心忍不住會想：「今天泡芙也好好地跑著滾輪呢！」

怎麼和刺蝟快點變熟？

　　刺蝟是非常有個性的，初期接觸時，要怎麼更好地與牠們共處呢？開始相處的第一天，陌生環境會讓小刺蝟感到緊張，因為刺蝟是透過**聲音**與**氣味**來辨別周遭環境的狀況，所以迎接刺蝟之前，可預先幫牠準備好藏身處與自己用不上的舊衣服，來熟悉飼主的味道與生活環境。舊衣記得選擇**無鉤圈材質**，以免毛線不小心纏繞在刺蝟身上。

　　另外，初期刺蝟如果太過緊張，可能會排出綠色的便便，或是出現胃口不好的情況，飼主可以續觀察刺蝟的活動力是否正常。建議把刺蝟帶回家的一至兩週內，預約有專門診療刺蝟的特寵醫院做基礎的健康檢查。

　　當刺蝟已經熟悉環境一段日子之後，平時可以用毛巾或布將牠包覆好，再放在身上與自己親近，一方面不會直接接觸到皮膚或刺到手，也能讓刺蝟比較安心，並且更進一步熟悉飼主的聲音與氣味，並嘗試進行互動。

　　刺蝟已經熟悉飼主的味道後，就可以慢慢試著觸碰刺蝟了。大多數的人都會先從頭部開始摸起，但是因為刺蝟眼睛不好，遇到突然靠近的物體會先提高警覺，所以**頭部是刺蝟最大的警戒區**，可別輕舉妄動。最好的方式是**先發出聲音，再伸手慢慢地靠近刺蝟**，讓刺蝟先知道你的存在，再從後背接近尾巴的部分輕輕地順向撫摸，讓刺蝟慢慢適應。

刺蝟觸摸紅綠燈

★ 生氣指數

- 觸摸刺蝟時,先從綠燈區開始嘗試比較容易成功。

- 頭部是刺蝟警戒程度最高的地方,隨意觸碰很有可能出現炸刺的情況。

- 想抱起刺蝟時,建議緩緩從兩側往下輕輕捧起。

WARNING

由於刺蝟對氣味非常敏銳,要碰觸刺蝟的時候,手部應避免塗抹香水或保養品,以免刺蝟好奇而誤食!

● 每隻刺蝟的個性都不同，有的溫和親人，有的翻臉不認人！

● 互動過程中最重要的是培養刺蝟與飼主之間的信任感。

● 與刺蝟發展親密的相處模式必須慢慢來，切勿心急。

TIPS

刺蝟本身是很難馴化的動物，比起以親近為目標去訓練刺蝟，不如著重培養人畜都舒服的相處與互動模式，還來得更重要！

如何判斷刺蝟的叫聲？

　　平時刺蝟是不太會發出叫聲的動物，但仔細聽的話還是可以辨認出一些刺蝟的心情喔！刺蝟看見食物或是喜愛的事物時，會發出「窸窸窣窣」的聲音。而當刺蝟看見另一隻刺蝟時發出像「嗶嗶嗶」的求偶叫聲，就要注意保持兩隻刺蝟之間的距離，避免造成彼此間的咬傷與意外。

　　另外，刺蝟還會發出一種很像嬰兒的哭聲，通常刺蝟把全身的刺豎起來並伴隨這種叫聲時，表示牠覺得非常害怕。如果遇到這種狀況，請讓刺蝟回到牠所熟悉的環境，暫時不要打擾刺蝟。

從叫聲一窺刺蝟情緒

叫聲的類型	發出的聲音	刺蝟當下的情緒／情況
刺蝟寶寶的叫聲	發出短促的高音「唧唧」聲	刺蝟寶寶小時候獨特的叫聲，起初音量還很微小，但隨著成長音量會漸漸增強，等長大後就不會發出這樣的啼叫聲
開心的叫聲	發出短促「窸窸窣窣」聲	探索新鮮事物、覓食時
警戒的叫聲	發出短促且重音的「呼呼」聲	不開心、生氣
求愛的叫聲	發出較溫柔「嗶嗶」聲	雄性刺蝟對著雌性求偶
放鬆的聲音	從鼻子發出呼吸「窸窸窣窣」聲	感到滿足、安心
崩潰的聲音	發出像幼貓、小嬰兒般的哭叫聲，比刺蝟小時候的叫聲更加尖銳	感覺生命受到威脅、害怕、痛苦

WARNING

基本上刺蝟不會一直發出叫聲，如果覺得刺蝟叫得不太正常，一定要檢查看看身體是否有傷口或者不舒服的情況，並帶去給醫生檢查。

訓練刺蝟定點上廁所

刺蝟很難透過訓練而養成定點上廁所的行為，但可以嘗試運用刺蝟的習慣來固定上廁所的位置。請先仔細觀察刺蝟習慣上廁所的地方是哪裡、預先規劃希望讓刺蝟上廁所的位置後，在便盆中先放一

● 一邊進食、一邊排泄的廁砂佈置方法。

些刺蝟原本的排泄物作為引導，但要先說，成功率真的很難保證。目前遇過的狀況有兩種：

❶ 刺蝟原本喜歡在角落與乾淨的位置上廁所，所以可以把便盆安置在角落並按時整理乾淨。

❷ 有些刺蝟習慣邊吃邊排泄，或者在滾輪上大便，可以把飼料碗放在廁砂裡或放置於滾輪下方，但要定時注意環境上的整潔。

● 春嬌與屎滾輪。／圖片來源：小公主春嬌提供

● 每天早晨的定時清理時間，總是充滿驚喜！

TIPS

對刺蝟來說，不在定點上廁所是很自然的事情，愛乾淨的刺蝟會自己尋找乾淨的位置排泄。

刺蝟為什麼會咬人？

平時沒什麼叫聲、安安靜靜的刺蝟，很難想像其實牠會咬人，而且被咬到時還蠻痛的！平時刺蝟並不會主動攻擊，之所以會咬人，可能是錯把手指當食物了，或者好奇沒有聞過的味道或物體，所以就一口咬下去。另外，刺蝟媽媽為了保護小孩，或者是因為過度害怕，也都可能出現咬人、反抗的行為喔！

刺蝟的特殊行為

　　刺蝟有些舉動是真的很特別，很難在其他動物身上看到，以下就來說說最為奇特的三種。

吐泡沫

　　刺蝟遇到未知的物體時，會先靠近嗅一嗅然後咬一口，並將氣味透過口水泡沫收集，再用超長舌頭塗抹在自己背上，Chapter 1 第 25 頁也有稍微提過這個特殊行為。目前還沒有辦法解釋為何刺蝟會有這樣的習慣，最大的可能是為了躲避天敵，透過吐泡沫塗抹在身上的方式，讓自己融入到環境當中。

● 刺蝟會透過吐泡沫的方式收集氣味，並把口水泡泡抹在自己身上。

便便水

　　刺蝟會利用大便塗牆、搗亂，或者乾脆拉在裝水的碗裡，這時候飼主可以多觀察看看是否因為飼料放得太少，或者環境太過髒亂……去進行改善。有時候也可能是因為刺蝟身體不舒服、壓力太大所導致的行為喔！

● 永遠都無法預測這次刺蝟會把便便拉在哪裡……（為了避免畫面太過驚悚，已貼心打上馬賽克）

把頭塞在紙捲中

　　刺蝟作為**穴居動物**，喜歡躲在狹小黑暗的空間是牠們與生俱來的習性，更多時候牠們喜歡把頭塞在紙捲裡，所以平時可以收集一些大小適中的紙捲讓刺蝟玩耍，例如捲筒衛生紙用完後的紙捲就很適合。Chapter 2 第 58 頁也有提到過，大型塑膠水管或者布製通道，也是刺蝟很喜歡的玩具。

● 衛生紙用完後剩下的紙筒是刺蝟心愛的玩具。

● 用大型紙碗當作隧道也很好玩呢！

刺蝟 Q&A

Q 刺蝟是不是不喜歡被摸？

A 沒錯，不喜歡！所以一開始先保持些距離，用聲音溫柔地讓刺蝟熟悉你的存在，再從背部輕輕撫摸，看看刺蝟是否願意接受。

UNIT 2

刺蝟放風要注意

每日運動時間

你應該不敢相信，刺蝟那纖細的小腳，一天竟然可奔馳 5 公里的距離！因此，**每日安排刺蝟的運動時間是很重要的事情**，一天建議至少需要 1 小時。除了放置大型滾輪作為健身器材之外，也可以在房間設置一個安全的範圍，讓刺蝟出來放風散散步。

要特別注意的是，刺蝟擁有攀爬與躲藏的能力，容易一個不注意就躲進狹小的縫隙中不想出來。所以當刺蝟在開放空間活動的時候，飼主要**時常關注刺蝟的動向**，免得才一眨眼的時間就找不到了。

● 在滾輪上玩得不亦樂乎的貝塔。

● 在房間放風、趴趴走的泡芙。

家中潛藏的危機

刺蝟可是天生的捉迷藏大師！也曾看過網路上有許多逃離飼養箱就消失在家裡的案例，尤其家裡常會在角落放置一些驅趕病蟲害的藥，對刺蝟來說都非常危險！以下是一些家中常見、但對刺蝟來說危機四伏的情況，請千萬注意！

- ➡ **危險物品**：蟑螂藥、老鼠藥、電線、釘子，可能會不小心讓刺蝟誤食、纏住身體或者受傷。
- ➡ **危險高度**：刺蝟的眼睛不太好，又容易瞬間暴衝，飼主需要隨時注意刺蝟的動向，避免從高處掉落。
- ➡ **危險角落**：喜歡躲在陰暗角落的刺蝟，可能會因為迷路或卡住而不小心鑽入房子的裝潢縫隙中，或是冰箱等大型家電、傢俱後面。

放風時的意外插曲

還記得有一次過年回老家時，打算把泡芙放在房間的地板上玩耍，結果沒注意到身後裝潢時為了安置線路所預留的小縫，泡芙就一溜煙地鑽了進去！裡面有許多釘子跟電線，對刺蝟來說非常危險，但是嘗試了好多種方法，泡芙就是不肯出來。結果用了一整個晚上，全家總動員把另外一邊的牆挖了好幾個洞，才把縮在角落的泡芙給救了出來。

泡芙的腳腳

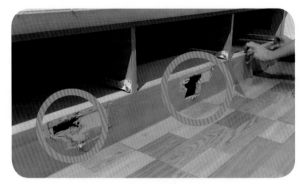

● 為了拯救泡芙而從側面刻意鑿開的洞。

　　平時安置刺蝟的房間盡可能把能預想到的危險區域都先阻擋起來，才能避免發生上述的慘事，包含床架的底部、櫃子的後面和鞋子裡頭，都可能是刺蝟躲藏的地方。

　　另外，像是藥品或是小物件都盡可能收起來避免刺蝟誤食。如果真的遇到刺蝟不見的狀況，先把可能會讓牠藉機逃家的門跟窗都關起來，在室內放置食物與飲水當作引誘的陷阱，並在晚上關燈後仔細聽聽看，是否有刺蝟出來覓食的聲音。如果發現刺蝟的排泄物，也能大概推測刺蝟躲藏的區域。

我可是捉迷藏大師！

刺蝟 Q&A

1 已經養一段時間了，但是刺蝟好像還是覺得很害怕，怎麼辦？

A 請用愛與包容接納主子的個性（燦笑），多看看本書介紹的方法，再努力試試看吧！

2 如何讓刺蝟願意翻肚肚，放心讓人摸肚肚？

A 這是終極 BOSS 問題，因為很難判斷牠們的心情，只能多做好事求保佑！（喂～）

3 請問我的刺蝟永遠都趴著，除了傲嬌個性之外還有什麼要注意的？

A 沒有。請成就刺蝟的公主病、王子病。

Chapter **4**

刺蝟會吃
貓飼料！？

\ 刺蝟飲食與日常清潔 /

UNIT **1**

如何幫刺蝟準備食物

　　泡芙是一隻吃不胖的刺蝟，所以平時就很習慣直接提供吃到飽的食物分量，沒有刻意規劃分餐餵食。但為了保持飼料新鮮度，隔日就會更換。

　　雖然刺蝟屬於雜食性動物，但並不是所有食物都能吃，臺灣的寵物刺蝟能夠攝取的食物來源，還有許多不清楚的狀況，包含某些水果是否會造成刺蝟腸胃不適等等，都還不像貓狗的資料這麼多，所以在刺蝟飲食方面並沒有特別清楚的規範條例可以遵守。

　　每隻刺蝟的食量都不一樣，可以先放滿一個小的布丁盅測試進食狀況，再依照個別的增肥或減重需求去做調整，隔日再更換新鮮飼料。另外，刺蝟懷孕期間的飲食習慣也會有所不同，所以如果有特殊狀況，建議帶去讓獸醫師評估並且調整飲食。

TIPS

食品與飼料的包裝設計都有考量內容物的保鮮期，例如包裝上設有密封條與避光材質包裝袋，都是可以減少食品變質的保存方式。

乾糧主食

如何選擇飼料

　　目前市面上有在販售刺蝟適用的乾飼料，另外也可以考慮餵食貓跟狗的乾飼料。但因為貓狗的飼料並不是特別為刺蝟設計的專屬配方，營養成分建議選擇蛋白質含量高於 30%、脂肪含量約 10% 左右、纖維質約在 10% 以內，以**無穀類與陸肉**（鴨肉、鹿肉與火雞肉等在陸地上行走的動物）**為主，可減少造成刺蝟過敏的來源**。另外，含有功能性配方的飼料也建議避免使用，例如化毛配方或腸胃敏感的特別配方。

　　固定餵食單一品牌飼料配方，攝取的營養來源可能會不足，因此在刺蝟成長過程中，可以變換不同的品牌飼料來補充不同營養。但有些刺蝟對於味道很難快速接受，所以轉換飼料時可以先用新飼料和舊飼料 2：3 的比例去混合，再把新飼料的比例慢慢提高，讓刺蝟逐漸適應新飼料的味道。至於飼料品牌的誠信選擇，就要由飼主自行判斷囉！

購買飼料前の確認工作：
1. 食材成份透明
2. 不含易敏成份（陸肉：陸地上行走的肉）
3. 產地
4. 保鮮日期

粗蛋白 30%↑
粗脂肪 10%↓
粗纖維 ----
水份 ----
DRY FOOD!!
無穀/陸肉
CAT FOOD
NATURAL
MADE IN
VENISON
DUCK

注意顆粒大小

　　刺蝟的嘴巴和牙齒非常小，而且一輩子只會換一次牙，之後就不再生長新的牙齒，所以為了保護刺蝟的牙齒、減少磨損，需要將飼料打磨成適合的大小，讓刺蝟更方便進食與消化。

　　特別是如果選擇貓狗吃的乾飼料，原先設計的顆粒可能太大，讓刺蝟無法順利咬碎，為了避免後續影響口腔和牙齦的健康，建議剪碎或磨成小顆粒後再予以餵食，以下介紹兩種處理方式。

● 為了減少牙齒磨損，餵食時必須注意飼料顆粒的大小。

❶ 磨豆器

　　最便利的方法就是使用可調整式咖啡豆研磨器，把飼料磨成適合刺蝟食用的大小，保存起來也很方便。

● 使用可調整顆粒大小的磨豆器，能夠輕鬆地把飼料磨成不同粗細。

❷ 小剪刀

如果家中沒有咖啡磨豆器，也可以準備一把小剪刀把飼料剪成小顆。或是將飼料放在保鮮袋當中，使用桿麵棍打磨成小一點的顆粒再餵食。

刺蝟 Q&A

❶ 我家刺蝟不太愛吃磨碎後的貓飼料，請問一定要磨碎嗎？

A 要要要！因為貓狗飼料畢竟還是針對貓狗所設計的產品，而不是針對刺蝟，貓咪的牙齒與刺蝟的牙齒光尺寸就差很多了 (人家刺蝟牙齒不好啦)！建議可以買磨豆器，每次磨到 3 天到 5 天的量再放入保鮮袋裡保存。磨豆器可以調整顆粒大小，先讓刺蝟訓練兩天試試看，肚子餓了還是會吃的！(泡芙也是一隻嘴很挑的刺蝟)

❷ 飼料一次買太多的話怎麼辦？

A 除了儲存時可以選用不透光的飼料密封罐，有些飼料品牌會提供小包裝的試用品可以購買，也比較建議購買原包裝、從通路透明的管道取得。如果真的買太多，我個人會固定餵食外面的浪浪們，解決口糧不浪費！

鮮食與濕食

　　鮮食的準備往往要對營養學有些瞭解，在食材上的選擇以無添加與無加工的原型食物爲主，用高蛋白、低油脂的原則去搭配。因爲刺蝟的飲食**以動物性蛋白爲主**，所以食材內容主要是肉品與蛋，一餐含量爲 80％以上。其餘蔬菜可作爲輔助，且不添加任何人工調味，有些天然食材的香氣與甜味可以增加適口性，例如南瓜、地瓜與胡蘿蔔等，都是不錯的選擇。

　　料理鮮食建議以**水煮或蒸煮**的方式烹調，煮熟後切細切碎或者搗成泥，等溫度降爲常溫後就可以給刺蝟食用。如果平時不方便料理鮮食，**嬰兒雞肉泥副食品**是另一種選擇，寵物店也會有販售，所以取得非常容易，但開罐後需要儘速食用完畢。

● 嬰兒雞肉泥副食品也是鮮食的選擇之一。

　　遇到挑嘴或不愛喝水的刺蝟，可以使用冷凍乾燥生食餐加水後成爲濕食，進食的同時也能幫刺蝟補充水分。但請注意，濕食也比較容易附著在牙齒上，口腔照料需要更加細心。不管是餵食乾糧或濕食，都要記得**固定幫刺蝟清潔口腔**喔！替刺蝟刷牙的方法請見第 94 頁。

昆蟲

　　野外生存的刺蝟是雜食性，所以吃昆蟲是一件很正常的事。但是寵物刺蝟有固定的飼料與環境，活蟲已經變成不是必需的食物來源。此外，蟲類含磷量豐富，**攝取過多的話反而可能會造成身體負擔**，建議一天提供 5 隻活蟲當作獎勵即可。

● 活蟲可以當作刺蝟的獎勵食物。

● 小鑷子是取用昆蟲的必備好幫手。

　　問題來了，所有的昆蟲都可以餵給刺蝟吃嗎？**不行！不是所有的昆蟲都可以餵食的！**家裡出現的蟑螂或是在外面遇到的昆蟲可能來源不乾淨，或是含有大量細菌，刺蝟食用之後有生病、腸胃不舒服甚至中毒的風險，所以不可以隨便餵食喔！

　　刺蝟可以吃用於高級魚類與兩棲爬蟲類的活蟲飼料，其中最常見的麵包蟲與大麥蟲（麥皮蟲）在許多寵物店都可以買到，只是擔心來源有可能不乾淨，所以需要在家飼養兩個禮拜之後再給刺蝟食用。

　　飼養時建議使用麥麩或燕麥當作底材，可用片狀紅蘿蔔餵食，並注意以下幾點：

❶ 飼養箱上方需有透氣的蓋子以防蟲蟲逃走。

❷ 餵食時食材不隔夜，食材水分不可過多。

❸ 底材可依情況更換，保持整潔。

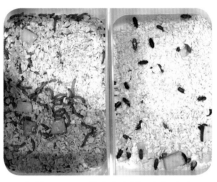

● 飼養活蟲可用燕麥當底材。左為大麥蟲幼蟲，右為成蟲。

● 大麥蟲的蛹。

刺蝟 Q&A

❶ **除了麵包蟲與大麥蟲，餵食刺蝟還有其他選擇嗎？**

A 有的！有些飼主會餵食蟋蟀，但是需要先把蟋蟀的腳剪掉才能餵，也是需要先在家飼養過一段時間。杜比亞蟑螂也是選項之一，但嘗試餵給泡芙時，發現牠會害怕移動速度快的生物而選擇不吃，看來刺蝟還是有自己的喜好。後續我也上網找過蜂蛹給泡芙嘗試，蜂蛹有分煮熟與鮮食兩種，通常都是冷凍的狀態，食用前需要用隔水加熱的方式，將蜂蛹解凍至常溫狀態。但是蜂蛹的食用期限很短，解凍之後不得放置超過 20 分鐘，如果外表呈現黑色就表示已經不能食用了。購買的時候也可以跟店家再次確認食用方式。

2 **我家的刺蝟不愛吃蟲怎麼辦**？

A 其實也沒關係！基本上有沒有餵食昆蟲並不會影響刺蝟的成長，
在主食飼料方面注意多攝取一些不同的營養來源即可。泡芙也不
太愛吃蟑螂一類的昆蟲，頂多吃掉裡面再把外殼吐掉。

水果

　　哪些水果是刺蝟能吃的呢？一般認為**適量攝取**即可，如果擔心糖
分攝取量過高，可以將水果打成泥或切丁餵食。可以食用的水果例如：
草莓、藍莓、覆盆子、蔓越梅、水蜜桃、芒果、木瓜、奇異果、櫻桃、
香蕉、哈密瓜、香瓜、蘋果與水梨。

　　另外，建議避免讓刺蝟吃到比較酸或比較具有刺激性的水果，例
如：橘子、柚子、葡萄柚、檸檬、酪梨、葡萄與番茄。

蘋果歐伊西！

觀察便便與記錄體重

　　平時不會發出聲音的刺蝟，當身體狀況出問題時，飼主不容易第一時間察覺，所以透過觀察便便跟記錄體重的情況，可以更瞭解刺蝟的身體是否出現異樣。

　　正常健康的刺蝟便便呈現**深色的長條狀**，如果出現綠色的便便時，可以先觀察看看是不是因為到了陌生環境或者受到驚嚇，讓膽汁分泌過多而使便便呈現綠色。如果當綠色便便持續兩、三天都沒有改善的話，建議帶去動物醫院檢查看看，是否有腸胃方面的問題。

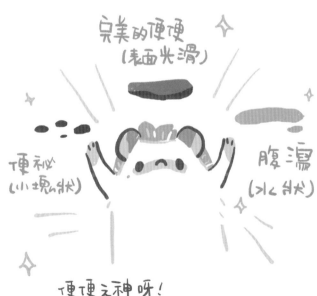

完美的便便
(表面光滑)

便祕
(小塊狀)

腹瀉
(水狀)

便便之神呀！
哪1個才是健康的便便？

至於體重的部分，為了隨時觀察刺蝟的健康情形，可以購買市面上常見的料理電子秤當作刺蝟的體重計，好取得又操作簡單、容易上手。每日記錄刺蝟的體重，對刺蝟的健康狀況來說是非常重要的。

● 料理電子秤拿來量刺蝟體重非常好用。

刺蝟的理想體重約在 300g ～ 450g 之間，但有可能因為體質不同，而在體型上有些差異。如果發現自己的刺蝟有養不胖或者是過胖的情形，也不要太緊張，可以跟獸醫討論是否透過調整飼料配方的方式來改善。

像泡芙就是屬於貪吃卻吃不胖的體質，但經過多次健康檢查之後，獸醫的結論是只要對健康、活力方面沒有影響就可以了。刺蝟太瘦的話，主要是擔心日後萬一生病，會沒有足夠的體力與營養去抵抗治療的過程；而刺蝟太胖的話，就是會擔心產生一些肥胖引起的症狀，或是因為四肢承受不了身體的重量而受傷。

● 過瘦的泡芙。

● 每隻刺蝟的體型大小都不太一樣。

　　此外，建議每位飼主準備一本生活記錄本，除了固定記錄刺蝟的排便情況和體重變化，內容也可以包含飲食習慣、就醫記錄、開藥狀況、回診時間與服藥情形。以下是記錄本的內容參考：

❶ 每日飲食分量記錄

❷ 體重測量

❸ 糞便與尿尿的情況（顏色與外觀）

❹ 飼料品牌與成分內容（發票記錄）

❺ 醫療記錄（獸醫院電話、回診記錄）

❻ 醫療用藥狀況與藥效反應

❼ 生活趣事記錄

❽ 備註

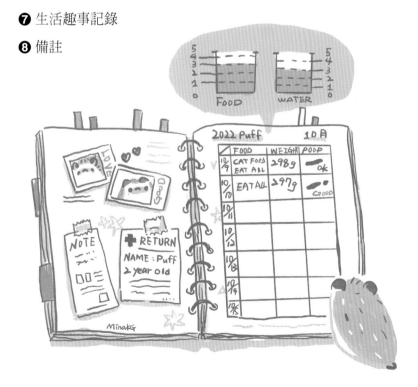

UNIT 3
日常清潔護理

刷牙篇 ★★★

刺蝟的牙齒跟人類一樣，一輩子只會換牙一次，所以**口腔保健相當重要**，定時刷牙也成了照護刺蝟的重點。建議可以使用小的棉花棒沾濕放入刺蝟嘴巴，並讓刺蝟輕咬棉花棒來達到清潔的效果。

● 刷牙時可搭配專用牙膏幫助清潔。

趾甲篇 ★★★★

刺蝟的趾甲大概**兩週**就會長得有點長，如果沒有固定修剪的話，**趾甲前端會開始彎曲**，可能會因此勾到物品或是跑滾輪時受傷，也會讓刺蝟行走不便喔！建議可以準備一把小型動物趾甲剪，或者使用圓頭的鼻毛剪刀。特別注意的是，因為刺蝟的趾甲真的很小片，飼主需要非常耐心修剪。

　　剪趾甲的時候，可以使用無勾圈的布料包覆刺蝟頭部減緩緊張，再輕輕地拉出刺蝟的腳。由於刺蝟的腳趾又小又短，所以剪的時候絕對不能心急。需要特別注意的是，趾甲前端的白色部分是神經區域，修剪前腳時可以距離神經區域多一點距離，而後腳只要修剪彎曲的地方即可。

肉　神經

＊通常後腳的肉比較長
也可以多留一些

一指甲剪

● 剪趾甲時可以把頭用布蓋著，讓刺蝟不要太緊張。

● 把刺蝟手腳固定住的手勢與抓法。

>
>
> **TIPS**
>
> 我自己的方式是把泡芙放在桌上，用一條毛巾蓋住全身（主要是為了讓刺蝟看不到飼主正在幫自己剪趾甲），然後拉出刺蝟的腳到毛巾外面固定著剪。但因為泡芙還是常常會掙扎，所以我的手掌會抱著牠的身體不讓牠扭動（有點像拿滑鼠的感覺），但千萬不要太大力或者拉扯，不然只會讓你家的刺蝟更想掙脫、反而更容易扭傷！
>
> PS. 通常剪趾甲都會花將近 30 分鐘，有時候泡芙也會剪到睡著。

洗澡篇 ★★★★★★★

　　幫刺蝟洗澡算是蠻大的工程，除了需要耐心，還要不斷地換水，就像幫小寶寶洗澡一樣。如果本身就是很愛乾淨的刺蝟，夏天可以安排 1 個月洗一次澡，冬天則因為擔心溫差太大容易讓刺蝟感冒，通常 2～3 個月洗一次。

　　洗澡前先準備一盆 40℃左右的溫水，水位介於刺蝟肚子以下為佳，並使用牙刷輕輕刷過刺蝟的背刺。由於刺蝟遇到水會比較緊張，可能會有排便或竄逃的現象，此時就可以用預備好的溫水把髒水替換掉。洗澡時可以用一隻手攙扶避免刺蝟在水中滑倒，另一隻手輕輕把水舀至背部緩緩淋下，千萬不能直接用水龍頭沖洗！洗澡的時候也要多注意，避免刺蝟的臉部與耳朵進水。

　　洗完澡後可以先用毛巾把刺蝟擦乾一點，再使用吹風機吹乾。吹的時候要距離刺蝟 20cm 以上，以免燙傷刺蝟，如果發現耳朵變紅就是溫度太高了，可以先休息一下再進行第二輪。腹部與耳朵後面會比較難吹乾，要特別注意。

少許的椰子油可防止皮膚乾燥

牙刷
刷理刺上的汙垢

備用溫水（換水使用）

專用沐浴精

避免溺水
水位置於肚子即可

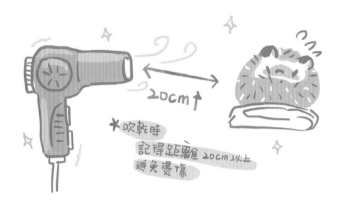

如果平時刺蝟身上容易沾到便便的話，可以先用純水濕紙巾順向擦拭，簡單清潔刺蝟身上比較髒的地方，或是用棉棒沾濕去進行擦拭。

飼養刺蝟的過程中，最常遇到的問題是皮膚出現些微皮屑，看過醫生卻也沒有發現特別的病徵。雖然有開除濕機，但狀況似乎沒有改善很多，後來有刺友分享平時會幫刺蝟做一些小保養，例如洗澡的過程中可以少量使用天然的燕麥椰子油，真的非常少量、只需要一兩滴就好。用天然的油脂保護刺蝟皮膚，就像我們平時會擦護手霜一樣。

● 有時候刺蝟皮膚會出現些微皮屑，可在洗澡時加入少量天然油脂保養。

刺蝟洗澡步驟

❶ 適合的洗澡水位差不多接近刺蝟的肚子。

❷ 用手捧起水，緩緩地澆在刺蝟的背部。

❸ 使用牙刷或洗臉刷，輕輕刷掉刺蝟背部的汙泥。

❹ 洗完澡可先將刺蝟擦乾一些再吹乾。

❺ 吹乾時需距離 20cm 以上，避免對刺蝟的耳朵太刺激或造成皮膚灼傷。

❻ 別忘了肚子與四肢深處都需要徹底吹乾保持乾燥，才不容易產生皮膚病。

Chapter 5

刺蝟生病了
怎麼辦？

\ 醫療健康與常見疾病 /

UNIT 1

治療特寵的動物醫院

　　臺灣的寵物醫院以收治犬貓為大宗，專門照顧特殊寵物的醫院很少之外，有開設刺蝟門診的獸醫師也常常滿診，所以建議在飼養之前**先搜尋一下**，看看附近是否有為刺蝟提供治療服務的獸醫院，意外狀況發生時才有辦法即時進行良好的醫療照顧。也有些醫院會提供全時段緊急門診，請各位飼主視情況幫刺蝟安排就醫，也別忘記提前電話預約與確認門診，讓專業的獸醫師來幫助你。

　　為了準確診斷刺蝟的身體狀況，建議準備好**最新鮮的糞便**帶去醫院做檢查。此外，除了平時替刺蝟做的飲食、活力、體重記錄之外，飼料的品牌跟成分也都可以記下來，看診時一併提供獸醫師當作醫療診斷的參考依據，如果有長期病症需服藥的話，相關藥品也可以帶去給看診的醫師進行評估。

完美的便便
（表面光滑）

便祕
（小塊狀）

腹瀉
（水狀）

Q&A

Q 建議多久做一次健康檢查？

A 獸醫師：

❶ 剛帶回家的刺蝟：建議 1 週內安排進行基礎健康檢查，包含牙齒狀況、眼球是否突出、腹部有無硬塊以及糞便檢查。

❷ 2 歲以下：半年～ 1 年間做一次健康檢查。

❸ 2 歲以上：半年做一次健康檢查。

要被看光光啦
><

● 正在接受健康檢查的泡芙。

刺蝟常見的疾病與外傷

如何判斷是否送醫？

刺蝟跟其他動物不太一樣，平時並不會發出叫聲，飼主很難馬上察覺刺蝟身體有不舒服的狀況，所以平時多多觀察刺蝟活動力，是很重要的事情！

● 秋冬換季時溫差比較大，泡芙鼻子吹起了一個泡泡，疑似是感冒了！

Q&A

Q　該怎麼初步判斷是否需要就醫？

A　獸醫師：

通常可以觀察糞便的顏色，如果出現綠色便或稀便請就醫。另外，出現單次多量掉刺的現象，或者一整天都沒有喝水的話也不用遲疑，請盡速帶牠就醫吧！

常見疾病與預防

　　刺蝟的壽命非常短暫，飼養的過程當中可能會遇到受傷或生病的情況。幸好在飼養泡芙與貝塔的時候，除了定期帶牠們去做健康檢查之外，並沒有遇到太過複雜的病情。

　　有一次泡芙的左後腳因為不明原因長出了一個膿包，醫生看診時透過X光檢查並沒有發現骨頭受傷的情形，便建議是否要做切片，化驗看看是惡性腫瘤還是良性腫瘤。但因為膿包並沒有造成走路時的疼痛與不便，再加上泡芙體型過瘦、身體脂肪太少不適合動刀，所以就沒有進行切片檢查，而是採取消炎藥物治療，看能不能透過溫和的方式處理。幸運的是後來膿包有變小，雖然沒有完全消失，但刺蝟其實是腫瘤發生的高風險族群，相較之下泡芙的結果算是好的。

● 泡芙身上的膿包。

● 以針筒進行餵藥。

　　一般來說，治療方式可以分成**積極性治療**與**被動性治療**，在刺蝟年輕且身體狀況允許之下，獸醫師會建議適合的積極性治療方法或被動性的處理方式。但是刺蝟的身體非常小，有時候治療結果也難免出現許多變數，所以針對每隻刺蝟最適合的治療方式，還是需要**由專業獸醫師進行評估與判斷**喔！

Q&A

Q 治療方式除了藥物還有哪些？

A 獸醫師：

　　依病情狀況不同，除了藥物治療外，還可能選擇手術或針灸療法。後者雖然一般稱為針灸，但事實上是二種不同的治療方式：**針法**是以針刺入穴道來刺激局部循環，**灸法**則是在穴位以燃燒艾柱所產生的熱氣入穴來刺激局部循環。但為了避免治療過程中動物過度緊張，通常會選擇針法，例如刺蝟因為不明原因身體麻痺、顫抖、癱瘓或意外傷害之後的復健，在飼主經濟狀況許可下，就可以嘗試進行針法治療的方式。

　　本章節真的很感謝能邀請到推薦人——楊旻蓉獸醫師指導與協助，才有足夠的相關知識提供給大家參考！尤其當刺蝟的年紀越來越大時，所需要注意的治療與照護細節會越來越多，馬上就來分別說明。

Q&A

Q 最常見的疾病是什麼？該如何防範？

A 獸醫師：

腫瘤 刺蝟是容易發生腫瘤的動物，尤其以老年刺蝟最常見。母刺蝟常見乳腺或子宮卵巢部位的腫瘤，如果出現血尿及腹部膨大的症狀就會懷疑；公刺蝟則常見睪丸腫瘤。一般生殖系統的腫瘤可在刺蝟6～8月齡時，經由絕育手術來避免，但不表示飼主就可以完全安心。

口腔 較大顆粒的飼料都可能傷害刺蝟小小的牙齒，使年輕刺蝟發生牙齦炎或牙周病等症狀，到老年時就有可能變成口腔腫瘤。如果飼主從小刺蝟時期就用小棉棒幫忙刷牙，可有效避免口腔疾病，但這是一項不輕鬆的持續性工作，取決於飼主對小刺蝟的愛有多少。

● 老年泡芙掉落的牙齒。

我鼻要～

● 刺蝟正在接受口腔檢查。

　　疥癬及黴菌感染都是刺蝟常見的皮膚性疾病，如果刺蝟異常頻繁地抓癢，又產生很多皮屑時，通常就是感染疥癬；黴菌感染則會造成刺蝟大量掉刺，露出紅腫的皮膚。

　　比較麻煩的是疥癬及黴菌混合感染，這時刺蝟會大量掉刺、掉毛，皮膚抓得紅紅腫腫的，並常出現繼發性細菌感染，使刺蝟皮膚的角質層增厚。如果拖到這時候才進行治療會相當麻煩，再加上很容易傳染給飼主，造成飼主手掌、臉部或四肢（取決於刺蝟經常接觸飼主的部位）搔癢紅腫，出現類似濕疹的症狀，所以在刺蝟**頻繁抓癢**或**異常大量掉刺**時，應及早就醫為上策。

　　平時應注意**環境通風及清潔**，讓刺蝟偶爾曬一下溫和的陽光來預防，但請注意不要在大太陽底下直曬。

● 皮屑。

● 「手指耳」是一種耳朵長黴菌的皮膚病，如果沒有治療改善，黴菌會慢慢啃食到耳朵中心。

特殊疾病：搖擺症（WHS）

目前對於刺蝟搖擺症（Wobbly Hedgehog Syndrome，簡稱 WHS）還找不出成因，共同病變是發病刺蝟的大腦與脊髓均有髓鞘脫失現象。初期發病的狀態為刺蝟無法正常順利縮捲、走路搖晃；後期會開始顫抖、失去運動機能，漸漸轉為全身癱瘓。刺蝟搖擺症目前尚未有治療方法，通常會在發病後 1 ～ 2 年內死亡，但也有在 1 個月之內死亡的案例。

對於發病的刺蝟，生活飲食上可以使用針筒餵食雞肉泥加鈣粉，每週 2 次額外補充維生素 E 與維生素 B 複合物。但要特別注意，**如果維生素補充過量刺蝟會產生抽搐現象**，尤其是耳朵會明顯抽搐，一次所能配給的適合分量並非一般飼主可以掌握，建議要找自己熟悉的獸醫做專業諮詢。

平時可以用輕柔的力道以順時針方向按摩刺蝟腹部，幫助消化食物；按摩刺蝟的小腳掌及伸展腿部，促進血液循環。刺蝟一天的飲水量約為 50cc ～ 60 cc，可使用針筒幫助補充水分。如果刺蝟已經沒辦法正常站立，可用二個捲成圓筒狀的毛巾，放在刺蝟左右二側支撐牠站立，避免長時間躺臥而造成褥瘡。

環境因素引發的急症

❶ 低溫症

四趾刺蝟為恆溫動物，並不會進入冬眠。當環境氣溫下降時，如果刺蝟呈現動作緩慢、呼吸次數減少的狀況，就是低溫症。

緊急處置

將刺蝟**移置溫暖的環境**，讓刺蝟的體溫慢慢恢復。家中最好準備寵物用的無光保暖器，也可以使用熱水袋，內裝比體溫高一些的溫水進行保暖處理，但千萬不要使用熱水直接觸碰刺蝟身體，以免造成燙傷。如刺蝟還是沒有恢復活力，請至動物醫院就診。

❷ 中暑

當炎炎夏日來臨，人體容易在這個時候中暑，當然刺蝟也會！在臺灣當室內溫度到達 28℃以上，如果環境沒有及時降溫，除了會讓刺蝟嚴重脫水之外，也可能會讓刺蝟中暑或熱衰竭。要怎麼知道刺蝟是否中暑？除了會變得沒有精神之外，因為刺蝟的耳朵很薄，如果看到**耳朵偏紅色**，就表示處於高體溫的狀態。

緊急處置

將刺蝟移動到涼爽的環境，將冰塊用布包裹起來放在附近讓刺蝟降溫。可使用少量的水滋潤刺蝟嘴巴，當刺蝟恢復精神後，為了保險起見還是建議至動物醫院做檢查。

刺蝟外傷緊急處理

如果不是太過嚴重的小型傷口，通常飼主可以自行處理，建議平時緊急醫療箱裡要準備以下簡單的醫療用品：

☐ 75% 酒精	飼主處理傷口之前要先消毒手部
☐ 橡膠手套	飼主處理傷口之前先戴上
☐ 無菌生理食鹽水	清洗刺蝟傷口用
☐ 優碘	消毒刺蝟傷口用
☐ 無菌棉棒	消毒刺蝟傷口用
☐ 止血粉	一般寵物百貨都有販售，也可自行上網購買。不小心剪到寵物趾甲血管時也可使用
☐ 抗生素軟膏	消炎用
☐ 紗布　　☐ 鑷子　　☐ 紙膠帶　　☐ 剪刀	
☐ 頭套	避免刺蝟舔舐傷口。如果無法找到適合自己刺蝟的現成尺寸，就必須自行製作
☐ 針筒	如果刺蝟不小心誤食毒物，在就醫之前可視情況使用針筒餵食生理食鹽水，幫助刺蝟催吐

TIPS

除此之外，獸醫師建議緊急醫療箱裡還要放置寵物平時的就醫醫院電話及醫療記錄本，例如接種疫苗記錄和就醫記錄，並且要按照日期排列，方便查找。

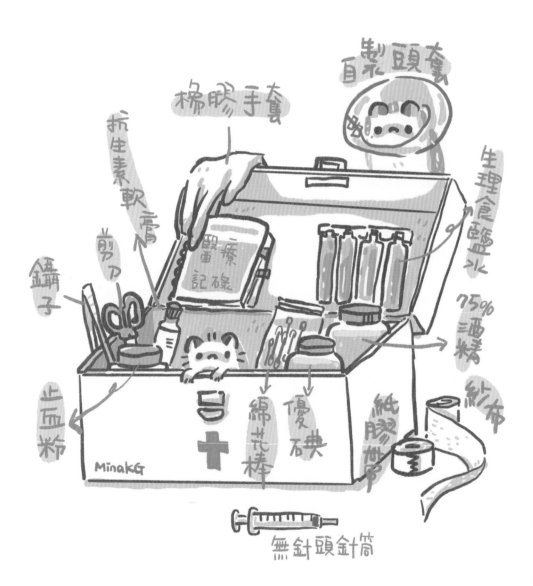

刺蝟常見病徵速查表

　　以下刺蝟常見的病徵與名稱僅提供參考，實際情況請依專業獸醫師評估，當刺蝟狀況有異時請儘速前往動物醫院就診。

部位 & 類型	可能疾病	病徵
牙齒	1. 牙齒磨損 2. 牙周病 3. 牙根膿腫	食量減少 牙齒變色、牙齦腫脹、牙齒脫落 下顎腫起、流眼淚、眼睛凸出
皮膚	1. 蟎蟲 2. 真菌 3. 過敏性皮膚炎 4. 細菌性皮膚炎	皮屑、掉毛、發癢，皮膚有小點移動 皮屑、掉毛、耳殼粗糙 腹部皮膚發癢 皮膚發紅、結痂、有膿汁
耳朵	1. 耳蟎 2. 外耳炎 3. 黴菌（手指耳）	有耳垢、發癢 耳朵有分泌物、異味、發癢 耳型看起來像手指
眼睛	1. 眼球突出 2. 角膜潰瘍、 　　結膜炎 3. 白內障	眼球突出 流眼淚、眼屎、角膜白濁、結膜出血 眼睛變白
呼吸器官	1. 鼻炎 2. 支氣管炎、肺炎	流鼻水、鼻子冒泡、打噴嚏 呼吸異聲、呼吸困難

部位 & 類型	可能疾病	病徵
消化器官	1. 下痢 2. 綠色便 3. 便祕 4. 消化道阻塞 5. 脂肪肝	細菌感染、不當飲食 壓力、環境改變 糞便變小或變硬、排便困難、 排不出來 肚子脹氣、沒有排便、無精打采 黃疸、削瘦、無食慾、神經症狀
泌尿器官	1. 膀胱炎、尿結石 2. 慢性腎衰竭 3. 急性腎衰竭	血尿、尿量減少、排尿疼痛 血尿、浮腫、失去食慾、尿量減少 精神狀態差、無食慾
生殖器官	1. 子宮腫瘤 2. 子宮蓄膿症	生殖器流血 腹部腫脹、有分泌物
全身疾病	腫瘤	硬塊、腫塊
外傷	1. 骨折 2. 咬傷 3. 勒傷 4. 趾甲流血	腳無法施力、無法正常走路 皮膚撕裂傷 四隻被纏住、走路困難 剪趾甲時剪到血管
先天性疾病	刺蝟搖擺症	身體無法正常縮成球狀、後腳運動 失調、顫抖、麻痹

過敏反應與共通感染症

　　平時跟泡芙玩的時候，接觸過刺蝟的皮膚偶而會發癢、發紅、一粒一粒的，同時伴隨鼻子搔癢跟打噴嚏等現象，這樣的過敏症狀很常見。因為每個人體質不同，有些飼主的過敏反應可能更加嚴重，遇到這樣的狀況時，如果沒有傷口可先用肥皂洗手，之後不要再去抓癢以免刺激皮膚，讓受傷的皮膚休息、復原。

　　如果過了一段時間過敏現象都沒有好轉，請儘速就醫。如果飼主本身有支氣管或體質過於敏感的問題，**建議先評估自己的身體狀況是否適合飼養刺蝟**，因為人與動物多少有一些共同傳染病的問題，自己的健康才是最重要的。

Q&A

Q 人與刺蝟有哪些共通感染症？如何防範？

A 獸醫師：

❶ 沙門氏菌症

　　刺蝟常常會踩到自己的糞便後抓癢，而沙門氏菌經常存在動物糞便中，刺蝟也不例外。

　　如果飼主摸了刺蝟之後沒有仔細洗手就拿東西吃，很可能會出現發燒、腹瀉及嘔吐等症狀。

　　防範：無法防範，**請飼主勤洗手**，以免不小心把病毒吃進去。

❷ 皮膚性疾病

　　疥癬、疥蟲都是刺蝟容易感染的皮膚性疾病，容易在髒臭、潮濕環境中或刺蝟免疫力不佳時感染；環境濕度如果大於 60%，刺蝟也可能會感染黴菌。一開始刺蝟會頻繁抓癢，造成掉刺及皮膚紅腫，有時則併發細菌性感染，很容易傳染給飼主。

　　起初症狀很像濕疹，如果飼主皮膚有搔癢紅疹就要懷疑此症。沒有對症下藥或放著不處理的話，有很大的機率會發炎或轉成膿疱。

　　防範：帶刺蝟回家後要**定期進行檢疫**。另外，飼主的基本清潔工作也很重要，**接觸刺蝟之後務必要洗手**以避免感染病菌。

刺蝟的成熟與繁殖

　　以負責任的心看待生命的可貴，對於是否要讓刺蝟結紮或是繁殖，都是飼主蠻重要的決定，也沒有所謂的對與錯。不管選擇結紮或繁殖，過程中都需要飼主的細心照料，包含誕下的小生命要如何妥善地照顧，或者另外尋找適合的飼主，都是一項不能忽視的功課。

刺蝟發情時怎麼辦？

　　在討論成熟與繁殖的議題之前，我們先簡單了解一下雌雄刺蝟的性成熟時期。

- **雌性刺蝟**：2 ～ 6 個月。
- **雄性刺蝟**：6 個月。

　　以性成熟時期來說，母刺蝟比公刺蝟來得早，但此時身體卻還沒有完全成熟（繁殖的適齡期為 6 個月大），太早讓刺蝟懷孕會造成身體負擔。平常飼養時最好是**公母分開**，避免在還沒有準備好的情況下出現新生命。

　　因為刺蝟發情**沒有季節性**，所以最好的分開方式就是避免公刺蝟與母刺蝟相遇。另外，公刺蝟在發情之後會自慰，如果飼主發現公刺蝟肚子附近有黃色黏液，用溫水輕輕擦拭清理即可。

關於刺蝟結紮的思考

　　有些飼主覺得繁殖是順其自然的事情，也有些飼主覺得結紮可以讓刺蝟降低生殖器病變的機率。臺灣之所以提倡貓狗結紮，是爲了減少流浪貓狗的繁衍，避免過多流浪動物所延伸出來的問題。但刺蝟並沒有這部分的問題，畢竟臺灣的天氣不適合寵物刺蝟在野外求生，大多數流浪在外的刺蝟都是被流放的。

　　目前臺灣有不良刺蝟繁殖廠商的案例，一次性地將大批刺蝟丟置於野外，經過民間團體「臺灣刺蝟照護推廣協會」救援，發現許多個體都營養不良，甚至有許多急性皮膚炎等等症狀。如果大家有發現飼養環境不好的廠商，建議截圖證明並通報各縣市動物保護防疫處，一起來保護受虐動物！

　　如果決定要幫刺蝟結紮，可以**先到動物醫院進行健康診斷**，畢竟開刀一定會有風險，尤其刺蝟體型比較小，身體是否能夠承受與順利康復，都需要事先準備與評估。例如建議要結紮的成年刺蝟體重至少要 500g 以上，且爲了避免開刀過程中發生意外需要輸血，可以先詢問看看是否有能夠提供救援的刺蝟。最重要的是開刀一定會全身麻醉，麻醉也會有一定的風險存在，這些都是需要考量的因素。其他部分就依照主治醫生的指示，乖乖做術後的調養跟回診即可。

繁殖前後的注意事項

是否要幫家裡的刺蝟繁殖呢？

　　以往的認知觀念覺得要成雙成對才不會孤單，但刺蝟是單獨一隻也能過得很舒適的動物，並不見得一定要幫刺蝟找伴侶或是進行繁殖。如果有打算要讓刺蝟繁殖的話，也一定要做好後續的飼養規劃與準備。

　　每一個新生命都是禮物，網路上時常會出現過度繁殖與送養的案例，也會擔心是否會有不良繁殖廠商將刺蝟收養後做不人道的繁殖與販售。而我們可以做的就是，打造一個**懂得愛護刺蝟**與**正確飼養觀念**的優良環境。

　　刺蝟繁殖之後，照顧母刺與刺蝟寶寶時需要更加細心。過程中可以不用太刻意地去打掃產房，不小心發出的輕微聲響與環境氣味改變，都可能造成母刺緊張，進而導致拋棄刺蝟寶寶喔！

TIPS

如果發現刺蝟寶寶被母刺拋棄在窩的外面，請勿直接用雙手碰觸小刺蝟！可用免洗湯匙或筷子先沾染母刺氣味，再輕輕地靠過去移動小刺蝟，才不會將飼主手上的氣味沾染到小刺蝟身上喔！

繁殖前的思考與準備自檢表

❶ 目前的生活環境是否還有足夠空間飼養其他刺蝟？ 是□ 否□

❷ 如果飼養其他刺蝟，生活開銷與飼料費用是否足夠？
可先列出必須添購的設備用品與價格，就可以大略計算出 是□ 否□
平時所需開銷，亦可參考前面幾章的內容進行評估。

❸ 原有刺蝟的個性，是否能夠接納新的刺蝟？ 是□ 否□

❹ 一天能陪伴刺蝟幾個小時？如果增加新刺蝟時間是否夠用？ 是□ 否□

❺ 是否已經準備好迎接新生命，包含飼養空間與生活用品？ 是□ 否□

❻ 如果自己無法飼養新刺蝟，是否能夠找到負責任的飼主？ 是□ 否□

採訪專欄 1：資深刺奴 DK 的繁殖經驗談

關於飼養刺蝟的經驗談，有太多人比我資歷更深，而 DK 就是我經常討教的一位前輩。當時 DK 前輩飼養的刺蝟 Judy（老妹）剛順利生下刺蝟寶寶，藉由記錄這段寶貴經驗，希望可以讓更多飼主理解：飼養刺蝟並不一定要幫牠們進行繁殖。如果有考慮要繁殖的話，一定要有完善的規劃與準備，才是對生命負責任的態度。

● 泡芙（左）與老妹（右）。

刺蝟 Q&A

受訪者：DK

1 DK 飼養刺蝟有幾年經驗了呢？

A 到目前（2022 年）為止大約 6 年。

2 當初是怎麼開始接觸刺蝟的？

A 一開始也是看到網路上很多可愛的照片而入坑的，我相信很多人都跟我一樣是一時衝動。

3 什麼原因使你想讓刺蝟繁衍下一代？

A 當初一開始飼養刺蝟，就想說讓 Judy 能夠經歷完整的一生。但後來才慢慢發現，刺蝟懷孕過後容易發生一些相關的病變或問題。

4 發現 Judy 懷孕後，照顧方面有沒有什麼差異？

A 刺蝟的受孕率高達 90% 以上，一旦配對後最好隔天就將公母分開，因為 Judy 隔天脾氣非常暴躁。也要在這段期間内儘快準備產房，因為要讓母刺提早適應產房。至於平常照顧方面並沒有什麼太大差異，水糧一樣不間斷並且每天更新，只有在飲食方面多準備了一些高蛋白活體讓 Judy 進食，例如蠟蟲、蟲蛹……。

5 對於想幫家中刺蝟繁殖的飼主，有什麼建議呢？

A 建議刺友決定要讓刺蝟繁殖前，一定要先做好相關功課。生產之後不要過度驚擾母刺，提供隱僻安靜的空間，不然母刺如果感覺不安心，會把刺蝟寶寶咬死或拋棄。

6 **母刺順利生產後，照顧小刺蝟最難的部分是什麼？**

A 生產後母刺會自己餵奶，正常來說不太需要理會刺蝟寶寶，大概 2 ～ 3 個禮拜刺蝟寶寶就會睜開眼睛並且開始活蹦亂跳，還可能 跑出來偷吃飼料，所以飼料務必要再碎成小一點的顆粒。母刺生 產後的月子餐可以再增加一些高蛋白活體，但注意不要過多，以 免造成母刺不吃飼料。

7 **有特別想跟準備養刺蝟的朋友說什麼嗎？**

A 建議各位飼養任何動物之前，可以先加入相關社團瞭解一些相關 知識及醫療資源，並衡量自己的口袋深度。飼養後的第一件事， 就是先安排一次健康檢查，保護自己也保護刺蝟。刺蝟是一種很 難用「手」接觸的動物，除了難以親近、還會咬人，希望等到生 理、心理和經濟都做好準備，再來飼養！

Judy（老妹）生產經驗分享

接著由資深刺奴 DK 以筆記方式分享 Judy 的待產過程以及生產時 所遇到的問題，有很多知識都是請教各位刺友前輩而來，當然還有網 路上的參考資料，以及 Judy 的實際經歷。以下敘述中，Judy 生的小刺 蝟簡稱「小皮蛋」。

❶ 確定有受孕跡象後（可以固定兩天量一次體重，看是否明顯變重） 收起滾輪，與公刺蝟分房睡。懷孕期間刺蝟會食量大增，體重也會 直線飆漲。

❷ 準備一個產房（不建議用紙箱，因為容易潮濕），隱密性是首要考量，環境以安靜為重，在大約 35 天的孕期中避免打擾到母刺。

❸ 要在產房門口放置 3 ～ 4 公分高的東西當作**門檻**，如果產房底部有墊布，門檻就要比布再高 3 ～ 4 公分，把小刺蝟侷限在產房內，讓母刺能放心哺乳，不用一直分心小皮蛋會到處亂跑，也有保暖的功用。等到小皮蛋長大了，Judy 媽媽自己會鼓勵刺蝟寶寶跨出門檻。

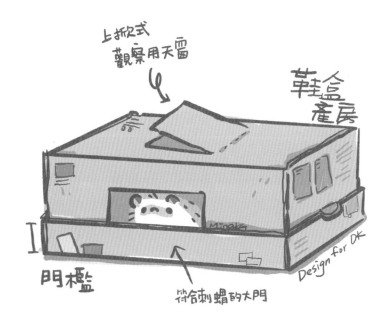

❹ 切記！切記！小皮蛋剛出生時**千萬不要用手碰觸**，如果刺蝟寶寶沾染到其它氣味，有可能造成母刺不餵小刺！無論跟母刺感情有多好、多熟，如果真的需要移動小刺蝟，可以使用平時鏟屎的工具或免洗筷先沾上母刺味道，再去慢慢移動，且動作請務必緩慢。此時的母刺會極力保護刺蝟寶寶，而此時的飼主只需提供**足夠的飲水與糧食**即可。

❺ 母刺生產後**不進食屬於正常現象**，因爲小刺蝟出生後的三、四天是最容易夭折的高危險期，媽媽都會全心全意照顧牠們，直到覺得小皮蛋穩定了才會吃飯。飼主可嘗試餵食蛋白與水煮雞肉，或者提供杜比亞蟑螂與臘蟲，母刺一定會吃，避免奶水不足（古人說：月子要做好哦）。

❻ 生產後要注意看看母刺是否**尿液帶血**，如果每次尿裡面都有很多血，就要帶去醫院檢查看看，可能是子宮出血的病徵。

❼ 小刺蝟大約 14 ～ 16 天開眼（Judy 則是 19 ～ 21 天）。小皮蛋出生**滿三週**已經可以短暫地抱和摸了，環境也可以小小清理。如果母刺情緒都很穩定，碰觸也可以很頻繁，進行環境大清理就比較沒問題。主要還是先觀察母刺的情況，若飼主仍然會擔心，環境可以等小刺**蝟滿月後**再進行變動與整理。

❽ 20 ～ 30 天後，小皮蛋會開始追著母刺要奶喝，母刺可能也會開始跑給小皮蛋追，因爲刺蝟寶寶開始**長牙齒**了、吸奶時母刺會痛！建議這個時期**飼料顆粒要再碎成小一點**，因爲小皮蛋會開始嘗試啃食飼料，但是碎完之後需要用篩網過濾，否則粉狀飼料容易讓小皮蛋嗆到。

❾ 刺蝟寶寶約 5 ～ 7 週**斷奶**，這時候請務必開始一刺一籠！我家的邪惡小皮蛋才 7 週大，就有想要爬上母刺的行爲出現了！！！

邁入老年的疾病

　　泡芙剛好是在大約 2 歲時離開，還沒有遇到老年的疾病，但在網路上曾經看過高齡 7 歲的刺蝟奶奶！老年刺蝟除了平時照料需要更細心之外，也會有許多疾病發生。

如何照顧高齡刺蝟

　　每隻高齡刺蝟遇到的情況可能不同，但為了追蹤刺蝟的身體狀況，建議**每半年做一次完整的健康檢查**，包含血液檢測、X 光與超音波檢查，照護上也需要多些耐心。

　　年紀越大的刺蝟，**牙齒**越可能發生磨平的狀況，除了平時可能需要灌食之外，也可以視情況補充營養品，包含鈣粉、益生菌、艾茉芮草粉等，食用時須先詢問獸醫師劑量與餵食方法。活動日漸不方便或是有癲癇症狀的刺蝟，需要每天定時幫助活動與按摩身體，避免四肢末端僵硬。

Q&A

Q 刺蝟幾歲算是進入老年？需要注意什麼？

A 獸醫師：

　　刺蝟的平均壽命是 5 歲，2 歲以後刺蝟的身體會開始出現代謝變慢的情形，4 歲開始則是比較明顯地出現老化現象（可參閱 Chapter 1 第 36 頁「刺蝟的一生」）。此時期沒有絕育的刺蝟，好發生殖系統腫瘤；在 2 歲之前沒有經常刷牙的刺蝟，通常會發生牙齦炎及牙周病，老年時易引發口腔腫瘤。老年動物常見的白內障，其他物種可以手術置換水晶體，但因為刺蝟的的眼球實在太小，目前沒有尺寸適合的水晶體，所以刺蝟只能做眼球摘除手術。

採訪專欄 2：刺友萱萱照護刺蝟的歷程

　　結識刺蝟黏黏的飼主蘇萱萱已經有些日子，時常看到他帶著狗狗阿肥與刺蝟黏黏出遊、踩點與露營。後來發現黏黏有癱瘓的狀況，這是飼主照護起來最辛苦的類型，也謝謝刺友萱萱願意分享寶貴的過程記錄。

　　一開始發現癱瘓是帶黏黏就診時，經過診斷發現黏黏的身體已經老化而且發炎了，於是獸醫師使用艾茉芮、止痛藥、魚油與益生菌，並在診所進行雷射治療。

● 黏黏就診時接受治療的情形。
圖片來源：蘇萱萱提供

　　因為癱瘓的關係，家裡需要幫黏黏重新佈置睡窩，用軟布抱枕讓牠可以支撐四肢，睡得也比較舒服。除此之外，還需要觀察記錄黏黏的排泄情況。

　　後來因為黏黏的病情逐漸惡化，開始需要租借氧氣機與架設氧氣房，並持續密切觀察黏黏的呼吸狀況。也因為身體癱瘓的關係，開始需要手動灌食以輔助黏黏進食，由於脫水的情況並沒有好轉，獸醫師開始為牠注射皮下點滴。

● 使用軟布枕頭讓黏黏支撐四肢。
圖片來源：蘇萱萱提供

● 氧氣機與氧氣房，照片是還沒封住氧
氣房蓋子時拍的。

● 使用無針頭的針筒為黏黏灌食。

● 獸醫師注射皮下點滴。

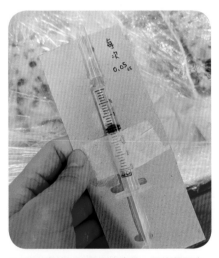

● 當止痛藥無法壓住疼痛時，可能需要注
射嗎啡。／本頁圖片來源：蘇萱萱提供

　　照顧癱瘓的刺蝟是非常需要耐心的，從記錄當中也能同時看見接
受治療的黏黏努力的模樣。正在照顧生病刺蝟的飼主與獸醫們真的是
很偉大！也辛苦你們了！

Chapter 6

離別

\ 彩虹橋的那一端 /

相遇的時候就知道終須一別，飼養之前就有心理準備刺蝟的生命真的很短暫，促使我更珍惜生命中的每一刻。泡芙是在我飼養的第二年春節離開，從發病到離開過程並沒有很久，卻能感覺到動物真的有靈性，尤其在離別的時候特別有感觸。

聽說朋友的貓咪在即將離去時，躺在自己最喜歡的位置悄悄地等待時光消逝。而泡芙是在我忙完整天的事情後，回家抱起牠才安心離去的，前一天也才幫泡芙洗過澡，精神與體力並沒有異常狀況。牠離去當下我想應該是時間到了，也感謝陪伴我兩年的小小緣分。

●　　●　　●

因為離去後的身體會產生細菌與僵硬，**所以需要盡快決定如何安葬**。離別的方式有很多種，包含火化、土葬與盆葬。

火化

目前市面上有許多火化寵物的專門業者，提供到府接送寵物與殯葬禮儀等後事處理，通常獸醫院也會有配合的業者。火化有分**個別火化**或是**團體火化**，差別在於團體火化是與其他寵物一起火化。也有業者為寵物規劃專屬安樂園，流程真的比以前成熟許多。至於寵物骨灰罈，市面上也有許多種選擇。

土葬

如果自家有適合的私有土地，可以選擇土葬的方式。但要注意土葬的風險，地點比較偏僻的話可能會遭到野生動物翻起，建議**土坑要挖得深一些**。

樹葬／盆葬

　　土葬之後也有許多人會接著進行樹葬，但對於在外租屋的人來說，本身住的地方通常沒有這麼寬敞，所以盆葬也是許多人的選擇，我自己也為泡芙選擇此方式。

　　盆葬的**花盆要夠大夠深**，上下左右的土壤空間大約需要 20cm 以上的厚度。再來，可以選擇與刺蝟個性相似的植物，當時我幫泡芙選擇的是蘋果樹，因為泡芙很愛吃蘋果，旁邊還栽種了幾顆多肉植物。但是幾年過去了，長出來的竟然是木瓜樹……。

黑色盆栽
就是泡芙

● 　愛吃蘋果的泡芙。

結語

每當一個生命出現時，就會有新的故事流傳下去

　　第二隻刺蝟貝塔在我正在撰寫這篇文章時離世了。獸醫師告知要有心理準備貝塔隨時會離開，現在能做的事情就是進行一次整體的詳細檢查，為後續能夠處理的治療預做準備，至於能不能撐過危機，要看小生命自己的努力。飼主在做這種重大決定時也是相當煎熬，考量的不只是寵物的年紀與體力是否能夠撐得過來，更是決定要如何對待一個生命的重量？更多的想法是：急救究竟是為了自己好？還是為了牠好？

　　而我幫貝塔選擇的盆葬是檸檬香蜂草，一種能夠淨化空氣的植物，主要原因是貝塔的個性很隨和，但也有自己的小脾氣，常常給我療癒的力量。

● 在氧氣室裡的貝塔。

貝塔的
長眠之地

面對刺蝟即將離開或已經離開的事實，飼主應該如何調適心情呢？這個問題想必很多人都想知道答案。

首先，心情一定會很難過。相信很多飼主對待寵物並不只是寵物，而是像自己的孩子一般，所以會有一股自責的想法湧上心頭。此時可以思考以下三件事情：

❶ 自己是不是一個負責任的飼主？

想想在飼養的過程當中，是否有留下遺憾的地方？但是請千萬不要過度苛責自己，人難免都有做不好的時候，也有無能為力的時候。

❷ 如果未來還有機會迎接新生命，是否有能力再度承擔？

在不衝動的情況之下，仔細檢視自己內心，是否能夠承擔下一隻刺蝟的到來？

❸ 當生命逝去時，是否能夠好好地放手？

天下沒有不散的宴席，我自己的想法是如果真有靈魂的話，希望牠能夠到達任何牠想去的地方。而美好的回憶我會好好收藏起來，珍惜刺蝟所帶來的生命體悟。

謝謝，曾經的陪伴。
抱歉，因為忙碌的生活而有時忽略了。
再見，永遠的家人會牢記在心中。

　　沒有寵物的生活會突然變得很安靜，冬天還是改不了查看保暖燈溫度的動作，顯然日子過起來不太習慣。如果還有緣分，希望能夠用微笑的心情再度相遇。

　　我想刺蝟天使也希望主人過得開開心心的，才會放心離開。此時需要慢慢地充實自己，讓生活持續精彩。我也想跟你們說：這段日子一定會很辛苦，但是你們真的都很棒！

參考書目

大野瑞繪（2018），《刺蝟完全飼育手冊》，藍嘉楹譯，台中：晨星出版。
大野瑞繪（2022），《刺蝟的飼養法・暢銷版》，彭春美譯，台北：漢欣文化。

晨星寵物館重視與每位讀者交流的機會，
若您對以下回函內容有興趣，
歡迎掃描QRcode填寫線上回函，
即享「晨星網路書店Ecoupon優惠券」一張！
也可以直接填寫回函，
拍照後私訊給FB【晨星出版寵物館】

國家圖書館出版品預行編目（CIP）資料

刺蝟完全飼育手冊：居家照護、性格互動、醫療疾病全
面掌握一本通！/MinaKG作. -- 初版. -- 臺中市：晨星出
版有限公司, 2024.06
　　144面；16×22.5　公分. -- (寵物館；123)
ISBN 978-626-320-823-0(平裝)

1.CST: 刺蝟 2.CST: 寵物飼養

437.39　　　　　　　　　　　　　　　113004247

寵物館 123

刺蝟完全飼育手冊
居家照護、性格互動、醫療疾病全面掌握一本通！

作者	MinaKG
編輯	余順琪
編輯助理	林吟築
封面設計	高鍾琪
美術編輯	點點設計

創辦人	陳銘民
發行所	晨星出版有限公司
	407台中市西屯區工業30路1號1樓
	TEL：04-23595820　FAX：04-23550581
	E-mail：service-taipei@morningstar.com.tw
	http://star.morningstar.com.tw
	行政院新聞局局版台業字第2500號
法律顧問	陳思成律師
初版	西元2024年06月15日

讀者服務專線	TEL：02-23672044／04-23595819#212
讀者傳真專線	FAX：02-23635741／04-23595493
讀者專用信箱	service@morningstar.com.tw
網路書店	http://www.morningstar.com.tw
郵政劃撥	15060393（知己圖書股份有限公司）

印刷	上好印刷股份有限公司

定價 330 元
（如書籍有缺頁或破損，請寄回更換）
ISBN：978-626-320-823-0

圖片來源請見內頁標示
未標示者皆由作者提供

│ 最新、最快、最實用的第一手資訊都在這裡 │